V
471.

2365.

LE MARESCHAL DE BATAILLE.

CONTENANT

LE MANIMENT DES ARMES.

LES EVOLVTIONS.

Plufieurs BATAILLONS, tant contre l'Infanterie que contre la Cavalerie.

Divers ORDRES DE BATAILLES.

Avec un bref difcours fur les confiderations que doit avoir un Souverain, avant que de commencer la guerre.

Et un abregé des functions de Generaux d'Armées, de Marefchaux de Camp, & autres principales Charges d'icelles.

DEDIE AV ROY.

Inventé & Recueilly par le Sieur . . . . *Marefchal de Bataille des Camps & Armées de fa Majefté, & Sergent major de fes Gardes Françoifes.*

A PARIS,

De l'Imprimerie d' . . . . Profeffeur és Mathematiques, & Imprimeur ordinaire du Roy pour le faict de la Milice.

AVEC PRIVILEGE DV ROY.

M DC XLVII.

AV ROY.

IRE,

Voicy un Ouvrage qui sous la pro-
tection de vostre nom se promet un asi-
le contre les injures du temps. Ie sçay
bien qu'en l'offrant à vostre Majesté je

ne luy prefente prefque rien qui luy foit nouveau, & que les Regles & les Maximes dont je traitte n'ont rien de fi fecret ny de fi difficile qui n'ait efté penetré par les lumieres de fon efprit. Mais, SIRE, j'auray au moins cét advantage d'avoir publié jufqu'où va la grandeur de voftre Genie, & d'avoir fait connoiftre à toute la Terre qu'avant l'âge de neuf ans voftre Majefté a fceu ce qu'à peine les plus grands Capitaines ont acquis dans tout le cours d'une longue vie. Cela, SIRE, donnera de l'admiration à tous les peuples : mais s'ils avoient comme moy l'honneur d'approcher quelque-fois de voftre perfonne, les graces & la beauté dont elle eft accompagnée leur donneroit

ſans doute autant d'amour que d'eſton-
nement, & je ſuis aſſeuré que le plus
barbare feroit gloire de porter comme
moy la qualité,

SIRE,

De

Tres-humble, tres-obeïſſant, & tres-
fidele ſujet & ſerviteur de voſtre Majeſté,
LOSTELNEAV.

CHER LECTEVR, Forcé, & non par aucun defir d'acquerir de la gloire par l'impreßion du Marefchal de Bataille fous mon nom, je fouffre qu'il foit expofé à ta cenfure. Le feu Roy LOVIS LE IVSTE, d'immortelle & de tres-glorieufe memoire, m'avoit commandé de faire un recueil, tant du Maniment des Armes, Evolutions, Bataillons, Ordres de batailles, Campemens d'armées, paffages de rivieres, qu'autres chofes concernant la guerre. Ma curiofité fe rapporta de forte à ce commandement que foudain je meditay les moyens de l'executer. Ie recherchay premierement tout ce que j'avois veu durant vingt-cinq ans pratiquer à ce grand Prince, & en fuite ce que j'ay pu voir dans la function des Charges dont fa Majefté m'a honoré, notamment exerçant celle de Sergent ou de Marefchal de Bataille; dernier nom que la mode luy a donné, & que je luy ay laißé pour ne le rendre pas mefconnoiffable; & tout ce que j'y ay pù adjoufter de mon invention. Apres avoir affemblé toutes mes pieces, où autre que moy n'euft pù rien comprendre, je crû qu'il falloit mettre le tout par figures, avec un bref difcours qui leur donnaft l'explication neceffaire. Pour en faire les reprefentations, j'ay efté neceßité de me fervir de divers Peintres, & de leur mettre mon Ouvrage entre les mains; ils m'ont gardé fi peu de fidelité qu'il n'y a que ceux qui ne l'ont pas voulu à qui mon travail ne fuft außi connu qu'à moy; divers Autheurs en ont pris des pieces dont ils ont crû orner leurs livres; Il y a particulierement un Autheur Normand qui m'a pris une bonne partie des Evolutions, tu jugeras s'il te plaift qui les a mieux entendües; I'ay mieux aimé fous le nom general de fa Nation luy faire ce reproche que de le faire rougir en y mettant le fien propre, de quoy je demande pardon au refte de fa Province. Et venant à ce qui m'oblige de confentir à l'impreßion de ce Livre, j'adjoufte que l'infidelité de mes Peintres a paffé jufqu'à bailler mon travail à des perfonnes, qui l'ayant en quelque forte déguifé, l'avoient mis entre les mains des Imprimeurs pour le mettre fous la Preffe, lors que mon bon-heur voulut que le fieur Migon, Profeffeur és Mathematiques, qui a une parfaite intelligence de cet Ouvrage, qui y a travaillé long-temps avec moy, & qui peut enfeigner par des regles faciles & infaillibles tout ce qui fe peut fcavoir des exercices militaires, en eut avis. I'eftois abfent, & ce qu'il pût faire fut d'obtenir un Privilege du grand Seau, avec defenfes à tous Imprimeurs de travailler à cette Impreßion, qu'il entreprit comme feul capable d'y reüßir; de-quoy m'ayant donné avis, & représenté que mon Ouvrage estoit au pillage, si je ne consentois qu'il l'imprimast : que mesmes il avoit desja fait des frais, tant pour retirer la copie que pour l'obtention du Privilege : je ne crus pas devoir luy refuser ce qu'il me demandoit, & donnay mon consentement pour l'impression d'un Livre qui n'estoit nullement en estat d'estre exposé au public. Il commença deslors cette impression ; quand je fus de retour de Guyenne, où j'estois, je la trouvay bien avancée, & je reconnus que sa capacité avoit suppleé aux defauts d'une copie si mal en ordre, où certainement je remarquay tant de fautes arrivées par l'ignorance des divers Copistes par les mains desquels elle avoit passé, que je fus contraint d'en faire refaire une bonne partie, à fin de luy donner la forme que je m'estois proposée, & que tu luy verras. Et comme j'ay travaillé le mieux qu'il m'a esté possible à r'habiller les fautes d'autruy, je te demande la charité de supporter les miennes, & croire que sans les raisons que je t'ay alleguées elles n'auroient au plus esté connuës que de mes amis plus particuliers, attendant que le temps m'eust donné le loisir de les corriger ; outre que mon dessein estoit d'y adjouster quantité d'autres Ordres de Batailles, diverses sortes de Marches d'Armées, quelques Campemens, un Traicté sur l'importance des passages de rivieres, avec quelques figures pour les représenter, & l'Exercice ou Evolutions de la Cavalerie. Au surplus mon dessein estoit d'y mettre un Traicté bien ample sur les considerations que le Souverain doit avoir avant qu'entreprendre la guerre; du choix & du devoir des Generaux d'Armées ; des Mareschaux de Camp & de Bataille ; de la fonction de leurs Charges ; & de quelques autres principaux Officiers des Armées : des remarques faictes par les plus grands & experimentez Capitaines tant anciens que modernes sur le faict de la guerre ; & beaucoup d'autres choses que la haste des libraires qui ont faict une partie des frais ne me permet de te donner qu'en abregé ; s'ils trouvent leur comte à la vente jusqu'à pouvoir en faire une seconde impression, j'espere qu'elle te donnera plus de contentement, & mesme de faire veoir dans une suite ou seconde Partie, ce que je n'ay pû mettre dans celle-cy ; en tout cas je te prie de recevoir ma bonne volonté. Tu trouveras des fautes au langage qu'aura peut-estre causé le lieu de ma naissance. Il y a pareillement des mots que j'ay laissé à dessein, estant des termes de l'Art qui à mon avis n'ont pas deu estre changez, quoy qu'ils ne soient plus en l'usage du parler d'à present. Au surplus si tu me demandes pourquoy j'ay donné le nom de Mareschal de Bataille à mon Livre, je t'en diray deux raisons principales ; la premiere est que j'ay toûjours aymé cette Charge, l'ayant long temps exercée avec assez de bon-heur pour avoir satisfait les Generaux sous lesquels j'ay eu l'honneur de servir : de sorte que j'ay crû luy devoir ce tribut : & l'autre que mon opinion est que celuy qui sçaura parfaitement tout ce qui est contenu dans cet Ouvrage sera en quelque sorte capable de l'exercice de cette Charge. En fin si le temps que j'ay employé à ce travail ne te semble pas inutile, &

que tu y treuves quelque chose de bon fais-en ton profit: si tu le condamnes, ce
ne sera pas moy seul que tu traicteras avecque rigueur, puisque je t'avoüe fran-
chement que j'ay recueilly des plus excellents Maistres de l'Art militaire beaucoup plus de choses que tu verras dans ce volume si tu en as la curiosité, que tu
n'y en trouveras de ma production.

PRIVILEGE DV ROY.

OVIS PAR LA GRACE DE DIEV ROY DE FRAN-CE ET DE NAVARRE, A tous ceux qui ces preſentes Lettres verront, Salut. Noſtre cher & bien-amé Maiſtre ESTIENNE MIGON Profeſſeur és Mathematiques nous a fait dire & remonſtrer que par le commandement du feu Roy noſtre tres-honoré Seigneur & Pere de glorieuſe memoire & par le noſtre, il a entrepris de mettre en lumiere un Livre intitulé LE MARESCHAL DE BATAILLE, compoſé & recueilly par le ſieur de LOSTELNEAV Mareſchal de Bataille de nos Camps & Armées, & Sergent Major de nos Gardes Françoiſes. Mais d'autant que ce Livre eſt tout remply de Bataillons & Ordres de Batailles qu'il pretend imprimer avec des Caracteres de plomb comme on fait la lettre, au lieu que juſqu'à preſent tous ceux qui ont imprimé de ſemblables figures les ont tousjours fait graver en bois ou en cuivre, ce qui eſt de la pure invention dudit MIGON, & qui ſervira grandement à l'intelligence de cet Ouvrage, à cauſe de la diverſité des couleurs dont chaque figure ſera imprimée, à ſçavoir les Mouſquetaires de rouge, les Piquiers de noir, & la Cavalerie de jaune, ce qu'on ne pourroit jamais faire ſi leſdites figures eſtoient gravées en cuivre. Et comme cette maniere d'imprimer des Bataillons eſt toute nouvelle, & qu'on n'a point encore rien veu de ſemblable, il n'a pû trouver aucun Imprimeur qui ait pû travailler audit Ouvrage, parce qu'ils n'ont point de Caracteres propres, & qu'il ne s'eſt trouvé aucun Fondeur de lettres qui leur en ait pû fondre, pour ne ſçavoir pas la forme qu'ils doivent avoir, n'y ayant que ledit MIGON qui puiſſe donner l'invention d'en faire les poinçons & matrices, & qui ſçache la proportion & grandeur que doivent avoir iceux Caracteres; meſmes leſdits Imprimeurs, bien qu'il leur ait voulu compoſer leſdits Bataillons & Ordres de Batailles avec les ſuſdits Caracteres, & leur rendre toutes les Formes preſtes à les tirer deſdites couleurs, ont fait difficulté d'apporter en ſon logis des Preſſes d'Imprimerie & d'y travailler, ſous pretexte de nos Ordonnances & defenſes à toutes perſonnes, de quelque qualité & condition qu'elles ſoient d'avoir chez eux Preſſes à imprimer, excepté aux Imprimeurs, ſur les peines portées par icelles: c'eſt pourquoy ledit MIGON n'a pû avancer l'impreſſion dudit Livre, duquel à cette occaſion, Novs & le public ſommes demeurez privez juſqu'à preſent; à quoy deſirant pourvoir, à fin qu'un travail ſi utile, non ſeulement pour Nous, mais encore à toute noſtre Nobleſſe, & generalement à tous ceux qui portent les armes pour noſtre ſervice, ne demeure infructueux. A CES CAVSES, Novs, de l'avis de la Reine Regente noſtre tres-honorée Dame & Mere; avons par ces preſentes ſignées de noſtre main, permis audit MIGON expoſant de tenir Preſſes & Imprimerie aux lieux où il ſera demeurant, & avoir des Imprimeurs chez ſoy pour imprimer ledit Livre intitulé LE MARESCHAL DE BATAILLE, avec les caracteres qu'il a inventez pour nous en faciliter l'intelligence, & d'imprimer les Mouſquetaires de rouge, les Piquiers de noir, & la Cavalerie de jaune; & de compoſer luy-meſme leſdits Bataillons & Ordres de Batailles avec les ſuſdits caracteres pour les faire tirer deſdites couleurs par les Imprimeurs qu'il aviſera. Auſquels Imprimeurs permettons de porter au logis dudit Expoſant Preſſes d'Imprimerie, & d'y aller travailler audit Livre cy-deſſus, ſans qu'ils puiſſent encourir la rigueur de nos Ordonnances ny ledit Expoſant: deſquelles nous les avons pour ce regard diſpenſé & diſpenſons: pour iceluy Livre eſtre vendu & diſtribué par tout noſtre Royaume, pays, terres & ſeigneuries de noſtre obeyſſance durant le temps & eſpace de cinq années, à commencer du jour qu'il aura eſté achevé d'imprimer pour la premiere fois. Pendant lequel temps nous defendons à tous Imprimeurs, Libraires, Graveurs, & autres, de quelque qualité & condition qu'ils ſoient, de troubler ny empeſcher ledit MIGON expoſant, ny les Imprimeurs ou autres qu'il employera à travailler audit Livre cy-deſſus; de l'imprimer, graver, contrefaire, augmenter ou diminuër, vendre & debiter ſans le congé & permiſſion dudit MIGON, ou de ceux qui auront droict de luy; à peine aux contrevenans de ſix mil livres d'amende, le tiers applicable à Nous, autre tiers à l'Hoſtel-Dieu de Paris, & l'autre audit Expoſant, confiſcation des Exemplaires, & de tout ce qui aura eſté contre-fait, & de tous

ſes deſpens, dommages & intereſts : à la charge de mettre deux Exemplaires d'iceluy en noſtre
Biblioteque, & un és mains de noſtre tres-cher & feal Chevalier, Chancelier de France, Comte
de Gien, & Commandeur de nos Ordres le ſieur S E G V I E R, avant que de l'expoſer en vente,
à peine d'eſtre deſcheu du preſent Privilege. ET D E P L V S, pour encore davantage reconnoiſtre l'invention, le travail & la deſpenſe dudit M I G O N expoſant, N o v s, de l'avis que deſſus, apres qu'il nous eſt apparu eſtre de la Religion Catholique, Apoſtolique & Romaine, l'a-
vons retenu & retenons par ces meſmes preſentes en la qualité de noſtre Imprimeur ordinaire
pour les Bataillons & Ordres de Batailles : voulons & entendons qu'il puiſſe tenir des Ouvriers
à ſes gages, & qu'il imprime ou face imprimer toutes ſortes de Bataillons & Ordres de Batailles avec le diſcours neceſſaire pour l'explication de chaque figure, ſans qu'autres de quelque
qualité & condition qu'ils ſoient ſe puiſſent ingerer d'imprimer deſdits Bataillons & Ordres de
Batailles avec de ſemblables Caracteres que ceux que ledit M I G O N a inventé, ſur les meſmes
peines de ſix mille livres d'amende : à la charge qu'il ne pourra s'immiſcer en aucune autre ſorte
d'Imprimerie que ce ſoit, ſur les peines portées par noſdites Ordonnances. SI DONNONS
EN MANDEMENT à nos amez & feaux les Gens tenant nos Cours de Parlement, Pre-
voſt de Paris ou ſon Lieutenant Civil, & à tous nos autres Officiers & Sujets qu'il appartiendra,
que dudit M I G O N pris & receu le ſerment en tel cas requis & accouſtumé, ils le mettent en
poſſeſſion & jouyſſance de ladite charge de noſtre Imprimeur ordinaire pour les Bataillons &
Ordres de Batailles, & luy en facent jouyr & uſer pleinement & paiſiblement, ſans ſouffrir luy
eſtre fait, mis ou donné aucun trouble ou empeſchement au contraire, comme auſſi de noſtre
preſent Privilege & du contenu en iceluy, en contraignant & faiſant contraindre par toutes
voyes deuës & raiſonnables tous ceux qu'il appartiendra ; & ce nonobſtant oppoſitions ou appel-
lations quelconques, Edits, Lettres, Privileges & autres à ce contraires : auſquelles pour bonnes
conſiderations à ce Nous mouvans, avons pour ce regard derogé & derogeons par ceſdites preſentes. M A N D O N S au premier noſtre Huiſſier ou Sergent ſur ce requis faire pour l'execution
des preſentes tous exploits neceſſaires, ſans demander autre congé, placet, viſa, ny pareatis,
nonobſtant clameur de Haro, priſe à partie, & toutes autres Lettres contraires. Voulons qu'aux
copies des preſentes collationnées par l'un de nos amez & feaux Conſeillers & Secretaires foy
ſoit adjouſtée comme au preſent Original, & qu'en mettant au commencement ou à la fin dudit Livre copie des preſentes, ou un extraict ſommaire d'icelles, elles ſoient tenuës pour ſigni-
fiées à tous qu'il appartiendra. CAR TEL EST NOSTRE PLAISIR. Et afin que ce
ſoit choſe ferme & ſtable à tousjours nous avons fait mettre noſtre Seel à ceſdites preſentes.
D o n n e' à Paris le vingt-huictieſme jour de Decembre, l'an de Grace mil ſix cens quarante-
quatre, & de noſtre Regne le deuxieſme. Signé L O V I S : Et ſur le reply, Par le Roy, la Reine
Regente ſa Mere preſente, P H E L Y P E A V X. Et ſeellé ſur double queuë du grand Seau en cire
jaune.

*Regiſtrées, Ouy le Procureur General du Roy, pour joüyr par l'Impetrant de l'effect & contenu en icel-
les, & eſtre executées ſelon leur forme & teneur : à la charge qu'il ne pourra s'entremettre en l'impreſſion d'aucun autre Livre que de Bataillons, Ordres de Batailles, Campemens d'Armées, Paſſages de Rivieres, & autres parties concernant la guerre ; ainſi qu'il eſt porté par l'Arreſt de ce jour. A Paris en
Parlement le quatrieſme jour de Septembre mil ſix cens quarante-ſix. Signé, R A D I O V E S.*

Et ledit M I G O N a aſſocié avec luy audit Privilege Antoine de Sommaville, Auguſtin Cour-
bé, & Touſſainct Quinet Marchands Libraires à Paris, ainſi qu'il eſt plus au long porté par le
concordat fait entr'eux.

---

*Achevé d'imprimer pour la premiere fois ce dernier jour
de Decembre, 1646.*

MANIMENT
DES ARMES.

MANIMENT
DES ARMES.

OVR bien faire exercer les Soldats, & leur monftrer le Maniment de leurs Armes, & à faire toutes les Evolutions fuivantes, il les faut mettre à 6, à 8, ou à 10 de hauteur: toute-fois 8 eft la hauteur la plus commode, à caufe des doublemens de rangs , & à fin de faire le tout avec plus de jufteffe. Il faut auffi que le front fe puiffe partager en quatre parts egales, pour pouvoir doubler les files par quarts de rangs ; mais celà n'empefche pas que les Soldats ne fe puiffent exercer en quelque front & hauteur qu'on les puiffe mettre , lors qu'on n'aura pas les nombres complets, tant pour le front que pour la hauteur.

On remarquera , avant que paffer outre , que pour plus grande facilité , nous avons mis toutes les figures de ce Livre dans la page de main droicte , & leur expliquation vis à vis dans l'autre page.

A ij

La plus part commencent l'exercice par les Evolutions , mais mon opinion eſt qu'il faut commencer par le Maniment des Armes , y ayant beaucoup d'apparence que c'eſt la premiere choſe que les Soldats doivent ſçavoir .

Pour commencer , il faut mettre tous les Mouſquetaires enſemble à une main , & les Piquiers à l'autre , comme monſtre cette figure , laquelle repreſente un Bataillon compoſé de 2 5 6 Soldats , à ſçavoir 1 2 8 Mouſquetaires & autant de Piquiers , à 8 de hauteur & 32 de front, duquel les • • • • • font les Piquiers , & les ○ ○ ○ ○ ○ ○ font les Mouſquetaires .

Et quand le Maniment des Armes ſera fait , il faudra partager les Mouſquetaires au demy-rang , & en faire paſſer la moitié par les intervales , ſur l'autre flanc des Piquiers , comme on peut voir par la figure de deſſous ; Et comme il ſera enſeigné cy-apres au feuillet 108 .

Mais il faut ſçavoir que de quelque Bataillon que ce ſoit , le premier rang ſe nomme Chef de file , & le dernier Serre - file ; & des deux rangs du milieu , le premier ſe nomme Serre - demy file , c'eſt en ces deux Bataillons le quatrieſme rang ; & celuy d'apres eſt appellé demy-file .

Il faut qu'il y ait trois pas de diſtance entre châque rang , & un pas entre châque file .

EXERCICE DV MOVSQVET.

Il faut premierement que de bien porter fes Armes , prendre le moufquet avecque la main droicte par le haut de la croffe , appuyant la main ferme contre le derriere du baffinet; puis porter le pied droict, & le moufquet haut, en arriere, en fe tournant à droict ; reporter le pied droict en fa place , & d'un mefme temps mettre le moufquet fur l'efpaule gauche ; porter la main gauche au deffous de la droicte fur la croffe du moufquet , en la place où il eft reprefenté par cette figure; lafcher la main droicte, & la laiffer pendante en fa place ; & pefer fort de la gauche fur la croffe du moufquet, à fin que le bout foit haut.

Il faut que le Moufquetaire fe tienne droict ; & s'il faut marcher, qu'il parte du pied gauche, & marche refolument. Il doit porter fa mefche de la main gauche , & mettre le bout qui eft allumé , s'ils ne le font tous deux , entre le petit doigt & le troifiefme ; & l'autre bout entre les deux autres doigts de fuite; tenir la fourchette, s'il en a une, avec le pouce & le premier doigt, laiffant paffer le fer de la fourchette au deffus de la croffe du moufquet.

Prenez garde à vous, Mousquetaires, & ne faites rien sans commandement.

PORTEZ BIEN VOS ARMES.

En mettant la main droicte sur le Mousquet, il faut laisser couler le mousquet environ quatre doigts vers la ceinture de l'homme ; & tourner un peu le dessus de la main gauche en dedans ; lever la main droicte fort haute, & la porter gravement & de bonne grace, contre le derriere du bassinet, empoignant le mousquet à pleine main.

METTEZ

METTEZ LA MAIN DROICTE SVR LE MOVSQVET.

Pour porter le mousquet haut il faut lascher la main gauche ; & de la main droicte seule le lever haut , en lâchant le pied droict en arriere , & se tournant un peu à droict , tenir le mousquet tout droict .

PORTEZ LE MOVSQVET HAVT.

Pour joindre la fourchette au mousquet , il la faut porter vers le
costé droict ; puis baisser vn peu la main droicte & le mousquet , &
l'appuyer contre la fourchette , en sorte que l'une des branches de la
fourchette presse contre le mousquet ; & que l'autre soit poussée ferme
avec le bout du pouce gauche , à fin que le baston de la fourchette
soit joint à la crosse du mousquet en dedans ; & que lors qu'il faudra
quitter le mousquet de la main droicte , pour prendre la mesche ; la
fourchette & le mousquet soient inseparables ; estans soustenus seulement de la main gauche.

IOIGNEZ LA FOVRCHETTE AV MOVSQVET.

Pour prendre la mefche , il faut lafcher le moufquet de la main droiɛte ; & avecque le pouce & le premier doigt prendre la mefche, environ trois travers de doigt prés de l'un des bouts, allumé , ou non allumé , felon le commandement ; & faire que le bout foit dans le creux de la main droiɛte.

PRENEZ LA MESCHE.

Pour souffler la mesche il faut lever la main droicte jusques aupres des levres, portant la teste & la main le plus pres du baffinet
qu'il se pourra, à fin qu'en soufflant il ne tombe point de feu dans
le baffinet, qui le pourroit faire tirer avant le temps ; puis souffler
un peu fort à fin que le charbon de la mesche se descouvre.

SOVFFLEZ.

SOVFFLEZ LA MESCHE.

Il faut mettre la mefche fur le ferpentin fans bouger la main gauche, de laquelle feule on tient le moufquet ; & mettre la mefche en forte qu'elle tienne ferme ; à fin qu'elle ne s'en puiffe ofter d'elle-mefme ; car cela arrivant, l'on feroit bien fouvent furpris lors qu'il faudroit tirer.

METTEZ LA MESCHE SVR LE SERPENTIN.

C ij

Pour mefurer la mefche , il faut apres l'avoir mife fur le ferpentin, baiffer le ferpentin avecque la main droicte , & faire en forte que la mefche porte dans le milieu du baffinet ; puis laiffer aller le ferpentin à fa place.

MESVREZ LA MESCHE.

Il faut mettre les deux premiers doigts de la main droiĉte fur le baffinet pour le couvrir ; & appuyer le pouce au derriere du baffinet, à
fin de fupporter plus facilement le moufquet , duquel on portera toûjours le bout fort haut ; l'efloigner du corps , & tenir les deux mains,
avecque le moufquet , fort en arriere fur le cofté droiĉt.

L'on couvre le baffinet à fin qu'il ne puiffe tomber de feu dedans
qui pourroit faire tirer le moufquet avant le temps.

METTEZ LES DEVX DOIGTS SVR LE BASSINET.

Pour souffler la mesche cette seconde fois , il faut , sans oster les deux doigs de sur le bassinet , lever le mousquet avec les deux mains, & l'approcher des levres , tournant la teste un peu en arriere du costé droict, & le plus loing du corps qu'il se peut souffler.

SOVFFLEZ

SOVFFLEZ LA MESCHE.

Il faut , apres avoir soufflé la mefche cefte feconde fois , rebaiffer les mains & le moufquet , & ouvrir le baffinet avec les deux doigts qui le couvrent .

OVVREZ LE BASSINET.

D ij

Pour coucher en jouë , il faut appuyer le bout d'en bas de la four‑
chette contre terre , un peu avancé, en forte que la fourchette panche
vers le Moufquetaire ; mettre le moufquet dans la fourchette , tenant
toûjours le pouce gauche appuyé contre le bout de la branche de la
fourchette qui eft en dehors ; tenir le moufquet de la main droicte
ayant le pouce au deffus de la croffe , & tenant la deftente avecque le
refte de la main ; appuyer le bout de la croffe contre l'eftomac ; plier
le genoüil gauche fort en avant ; avancer l'efpaule droicte ; lever le
coude droict ; & fe tenir le plus ferme qu'il fe peut en cette pofture.

Et lors qu'on commandera de tirer , faudra preffer contre la gafche
ou deftente , jufqu'à ce que le bout de la mefche qui eft fur le ferpen‑
tin porte dans le baffinet, & faffe prendre l'amorce qui eft dedans.

COVCHEZ EN IOVË.   TIREZ.

Pour retirer les Armes , il faut baiſſer la croſſe du mouſquet ; lever de terre le bout de la fourchette ; l'appuyer contre la croſſe du mouſ-quet en dedans ; appuyer ferme le pouce gauche contre le bout de la branche de la fourchette , à fin qu'elle tienne ferme contre le mouſ-quet, & le porter en la meſme poſture qu'il eſtoit avant que de mettre en jouë.

RETIREZ VOS ARMES.

Pour remettre la mefche en fon lieu , il la faut reprendre avec le
pouce & le premier doigt de la main droicte , de la mefme façon que
l'on l'a prife pour la mettre fur le ferpentin ; puis la remettre entre le
petit doigt & le troifiefme de la main gauche .

PRENEZ

PRENEZ LA MESCHE, ET LA REMETTEZ EN SON LIEV.

Pour souffler dans le bassinet , il faut prendre le mousquet avec la main droiéte au derriere du bassinet , & le lever ainsi qu'il a esté dit cy-devant ; souffler dedans , à fin qu'il n'y demeure pas quelque estincelle de feu qui pourroit allumer le poulverain quand on amorce , & brusler la main. Ayant soufflé , il faut remettre le mousquet en la posture où il estoit auparavant.

SOVFFLEZ DANS LE BASSINET.

Le poulverain eſt une charge percée par le bout , attachée tout au fond de la bandoüilliere , dans laquelle il y doit avoir de la poudre eſcraſée fort menu à fin qu'elle puiſſe prendre plus facilement ; on le prendra avec toute la main droiɛte.

PRENEZ LE POVLVERAIN.

Pour amorcer , il ne faut que renverfer le poulverain dans le baffinet , jufqu'à ce qu'il foit remply d'amorce.

AMORCEZ.

Il faut fermer le baffinet avecque la main droicte , fans bouger le moufquet.

FERMEZ

FERMEZ LE BASSINET.

F

Pour souffler sur le baſſinet, il faut porter la main droicte ſur la croſſe contre le derriere du baſſinet ; puis lever le mouſquet juſqu'aupres des levres, & ſouffler fort deſſus, de-peur qu'il n'y demeure quelque grain de poudre, qui pourroit faire tirer le mouſquet quand on meſure la meſche apres l'avoir miſe ſur le ſerpentin.

SOVFFLEZ SVR LE BASSINET.

Pour tourner les Armes derriere du cofté gauche, il faut porter le pied droiét en avant, en deftournant un peu à gauche ; & d'un mefme temps porter le moufquet à gauche, la croffe en bas, avecque les deux mains, en forte que la baguette foit en deffus ; & tenir toûjours le pouce gauche appuyé ferme contre le bout de la branche de la fourchette; à fin que la fourchette demeure jointe contre la croffe du moufquet, laquelle ne doit pas toucher à terre.

TOVRNEZ VOS ARMES DERRIERE DV COSTE' GAVCHE.

Il faut prendre une des charges pendantes à la bandoüilliere, où il y
ait de la poudre, avecque la main droicte.

PRENEZ LA CHARGE.

Il faut tourner un peu la téſte à droiɛt ſans la baiſſer; porter la charge à la bouche avec la main droiɛte, & l'ouvrir avecque les dents.

C'eſt une neceſſité de l'ouvrir de ceſte ſorte, d'autant que les deux
mains ſont occupées ; la gauche à tenir le mouſquet, & la droiɛte, la
charge.

OVVREZ

OVVREZ LA CHARGE AVEC LES DENTS.

G

Il faut verſer la poudre qui eſt dans la charge, dans le mouſquet ; en
mettant le bout de la charge qui eſt ouvert, dans la bouche du mouſquet, & frappant avec la main droiƈte ſur le fond de la charge, à fin
qu'il ne reſte point de poudre dedans ; puis oſter la charge, la laiſſant
pendre à la bandoüilliere.

METTEZ LA CHARGE DANS LE MOVSQVET.

Il faut prendre la baguette avec la main droiɗe à pleine main, mettant le pouce en deſſous, & le petit doigt en haut ; & la tirer en trois
temps, à fin de la ſortir de ſa place avec plus de facilité.

TIREZ LA BAGVETTE EN TROIS TEMPS.

Il faut, en levant la baguette haute, allonger fort le bras droiƈt, &
tourner en bas le gros bout de la baguette, qui eſt en haut.

LEVEZ LA BAGVETTE HAVTE.

Il faut frapper le gros bout de la baguette contre l'eſtomac, & la laiſ-
fer couler dans la main, juſqu'à deux travers de doigt du gros bout,
à fin qu'il ſoit plus facile de la mettre dans le mouſquet, lors qu'il ſera
commandé.

FRAPPEZ LA BAGVETTE CONTRE L'ESTOMAC.

H

Il faut mettre le gros bout de la baguette dans le moufquet, & la laiffer defcendre jufqu'à ce qu'elle trouve la charge qui eft dedans; puis frapper bien fort trois ou quatre coups, avec la baguette, fur la poudre qui eft dans le moufquet.

Il fe fait un commandement particulier pour bourrer, mais d'autant que les reprefentations n'ont point de mouvement, j'ay joint ces deux enfemble.

METTEZ LA BAGVETTE DANS LE MOVSQVET.
BOVRREZ.

Pour tirer la baguette hors du mousquet il la faut prendre avec la main droicte à pleine main, le pouce en dessous & le petit doigt en haut, & la sortir hors du mousquet en trois temps.

TIREZ LA BAGVETTE HORS DV MOVSQVET EN TROIS TEMPS.

H iij

En levant ceſte ſeconde fois la baguette haute, il faut tourner le gros bout en haut en allongeant le bras droiɛt.

LEVEZ LA BAGVETTE HAVTE.

En frappant cefte feconde fois la baguette contre l'eftomac, il la faut encore laiffer couler dans la main, jufqu'à un grand pied prés du bout ; à fin qu'on la remette plus facilement en fon lieu.

FRAPPEZ

FRAPPEZ LA BAGVETTE CONTRE L'ESTOMAC.

1

Il faut, apres avoir remis la baguette en son lieu, frapper dessus du plat de la main droicte, à fin qu'elle ne puisse pas tomber.

METTEZ LA BAGVETTE EN SON LIEV.

Pour prendre le mousquet de la main droicte, il le faut lever avec la gauche , & le tourner comme il est representé par ceste figure.

PRENEZ LE MOVSQVET DE LA MAIN DROICTE.

Pour lever le mousquet haut, il le faut dresser tout droict, & d'un mesme temps porter le pied & le bras droict fort allongez en arriere, en se tournant à droict le plus gravement qu'il se pourra.

LEVEZ LE MOVSQVET HAVT.

Pour executer ce commandement, il faut d'un mefme temps remettre le pied droiĉt en fa place, & porter gravement le moufquet fur l'efpaule gauche ; puis remettre la main gauche fur la croffe, & laiffer pendre la droiĉte, comme il a efté dit en la premiere figure ; & comme il eft reprefenté par la figure fuivante.

METTEZ LE MOVSQVET SVR L'ESPAVLE.

K

EXERCICE DE LA PIQVE.

Pour dreſſer les Piquiers au maniment de leurs Armes, & s'en ſervir pour tous les mouvemens & preſentations neceſſaires pour la guerre, il faut commencer à leur enſeigner comme ils ſe doivent camper, ainſi qu'il eſt repreſenté par ceſte figure, qui tient la pique en terre. Ce que pour bien executer, le Soldat tenant la pique en terre avec la main droicte, doit avoir ſa main au droict de l'œil ; que la pique ſoit eſlevée droictement ; & que le talon d'icelle ſoit à coſté de la poincte du pied droict.

La pique doit toûjours eſtre portée avecque la main droicte, en la pluſ-part des commandements.

PIQVE EN TERRE.

Pour prefenter la pique, il faut porter la main gauche une braffée au deffous de la droicte , & lâcher en mefme temps le pied droict un pas derriere le gauche ; prendre le talon de la pique avec la main droicte ; puis baiffer la pique tant que le fer d'icelle foit à la hauteur de la ceinture d'un homme, ou du poitral d'un cheval ; plier fort le genoüil gauche ; tourner la poincte des pieds en dehors ; & appuyer la pique fur le coude gauche. En cefte pofture le Soldat fera ferme pour refifter à ce qui pourroit le choquer.

Si l'on fait commandement de donner , ayant la pique prefentée , il faut que les Soldats partent du pied gauche, & marchent refolument, portans leurs piques fermes, fans allonger aucune eftocade.

PRESENTEZ LA PIQVE EN AVANT.

Pour se remettre, il faut renverser la pique, portant le fer qui est devant en arriere ; lâcher le talon de la pique, & porter la main droicte où elle estoit avant que de la presenter ; dresser la pique toute droicte avec les deux mains ; lever le pied droict, & en le rejoignant à l'autre, porter en mesme temps la pique en terre de la main droicte seule, & le Soldat sera remis.

Pour presenter la pique à droict, il faut, en levant la pique de terre, porter le pied & la main droicte en arriere, en se tournant à droict ; porter la main gauche une brassée au dessous de la droicte ; porter encore le pied droict un pas en arriere ; prendre le talon de la pique avec la main droicte, & la presenter.

Pour se remettre, il faut dresser la pique toute droicte, & en portant le pied droict un pas en avant, lâcher le talon de la pique & la prendre avec la main droicte, une brassée au dessus de la gauche ; porter le pied droict en sa place ; & d'un mesme temps remettre la pique en terre.

Pour presenter la pique à gauche, il faut observer les mesmes temps pour les mains, & lâcher seulement le pied droict en arriere en se tournant à gauche.

Et pour se remettre, observer ce qui a esté dit cy-dessus.

REMETTEZ VOVS.

Pour faire le demy-tour, soit à droict, soit à gauche, & presenter la pique, tant estant pique en terre, pique haute, que pique de biais, il faut observer les mesmes temps des mains & des pieds que si on faisoit à droict, ou à gauche.

DEMY-TOVR A DROICT, PRESENTEZ LA PIQVE.

Pour se remettre de toutes les presentations cy-dessus, il faudra toûjours observer trois temps de la main, & deux du pied droict seulement ; car le gauche ne doit jamais bouger de sa place, tandis qu'on fera de pied ferme.

Si l'on fait marcher ayant la pique en terre, il faut toûjours partir du pied gauche ; & porter le pied droict & la pique en terre d'un mesme temps, & les en lever de mesme.

REMETTEZ VOVS.

Pour porter la pique haute, il la faut tenir de la main droicte par le talon ; & pour faire les prefentations, & fe remettre, il faut obferver la mefme chofe qu'ayant la pique en terre.

HAVT LA PIQVE.

Pour porter la pique de biais, il la faut prendre au contrepoids avec la main droicte ; & porter le talon de la pique en avant à demy pied pres de terre.

Si l'on commande de presenter la pique, on fera la mesme chose, tant des mains que du pied droict, que si on avoit la pique en terre ; & pour se remettre pareillement.

PIQVE DE BIAIS.

M

Pour porter la pique trainante le fer devant, il la faut prendre avec la main droicte à son contrepoids ; & baiſſer le talon de la pique qui eſt derriere, à demy pied prés de terre.

Pour preſenter la pique en avant, il faut avancer le pied & la main droicte le plus avant que l'on peut ; porter la main gauche, pour en prendre la pique, une grande braſſée au deſſous de la main droicte ; lâcher la main droicte, & d'un meſme temps porter le pied droict en arriere ; puis prendre le talon de la pique avec la main droicte.

Pour ſe remettre, il faut lâcher la main droicte, & la porter ſur la pique au meſme endroict où elle eſtoit auparavant que d'en avoir pris le talon ; puis porter en meſme temps le pied droict un grand pas en avant ; quitter la pique de la main gauche ; reporter le pied & la main droicte en arriere, tenant la pique de la main droicte ſeule ; puis remettre le pied & la main en leurs places.

Pour faire demy-tour à droict & preſenter la pique, il faut porter le pied & la main droicte fort en arriere d'un meſme temps ; les porter encore un autre pas en arriere en tournant ; porter la main gauche une braſſée au deſſous de la droicte ; renverſer la pique, & la prendre par le talon.

Pour ſe remettre, il faut renverſer la pique le fer derriere ; lâcher la main droicte & la porter au contrepoids de la pique ; avancer le pied & la main droicte, en meſme temps, ayant le talon de la pique en avant, & reporter le pied & la main droicte en leurs places.

PIQVE TRAINANTE, LE FER DEVANT.

Pour porter la pique dardante, il la faut prendre de la main droiéte au contrepoids, & que ce foit entre le pouce & le premier doigt, la laiffant couler au deffus du bras, le talon en arriere le plus pres de terre qu'il eft poffible.

Pour la prefenter, il faut porter le pied & la main droiéte tout d'un temps un pas en arriere, en fe tournant un peu du cofté droiét; porter encore le pied & la main droiéte en avant, fe tournant du cofté gauche, paffant la pique fans la tourner par deffus la tefte; porter la main gauche une braffée au deffus de la droiéte; reporter encore une fois le pied droiét, tenant la pique des deux mains, un grand pas en arriere en fe tournant du cofté droiét; lafcher la pique de la main droiéte & la prendre par le talon, la prefentant en avant.

Pour fe remettre, il faut porter le pied droiét en avant tenant la pique des deux mains, & fe tournant du cofté gauche; porter la main droiéte au deffus de la gauche, & la faire gliffer jufqu'à ce que l'on foit au contrepoids d'icelle; quitter la pique de la main gauche; porter le pied & la main droiéte en mefme temps en arriere, & fe tourner du cofté droiét en paffant la main droiéte par deffus la tefte; avancer le pied & la main en leur lieu.

Pour faire demy-tour à gauche, il faut porter le pied & la main droiéte en arriere, fe tournant un peu à droiét; porter encore le pied & la main droiéte en avant, fe tournant du cofté gauche; & paffant la main par deffus la tefte, prendre la pique de la main gauche une braffée au deffous de la droiéte; lafcher la main droiéte & en prendre la pique par le talon pour la prefenter.

Pour fe remettre, il la faut renverfer tournant le fer derriere; lever la pique toute plate de la main gauche, & en la levant, la prendre de la main droiéte entre les deux doigts fufdits; gliffer la main droiéte jufqu'au contrepoids, portant le pied & la main droiéte en arriere fe tournant à droiét, & ayant lafché la pique de la main gauche; puis porter le pied & la main droiéte en leur lieu.

Pour faire de là haut la pique, il faut faire la mefme chofe que fi vous la vouliez prefenter en avant, pour les temps du pied & des mains.

PIQVE DARDANTE.

LE MARESCHAL

Ayant la pique haute, pour la porter trainante le fer derriere du
cofté gauche, il faut porter le pied droict un pas en avant, fe tournant
un peu du cofté gauche ; & d'un mefme temps porter la main gauche
une braffée au deffus de la droicte ; baiffer le fer de la pique jufques en
terre ; lâcher la main droicte, reporter en mefme temps le pied droict
en fa place, & tourner le vifage où il eftoit.

Pour faire demy-tour à gauche & prefenter la pique, il faut porter
le pied droict en avant, en fe tournant à gauche ; prendre la pique de
la main droicte par le talon & la prefenter.

Pour fe remettre, il faut d'un mefme temps reporter le pied droict
en fa place & lâcher la main droicte.

L'on fe fert de cefte façon de porter la pique, pour les retraictes.

PIQVE

PIQVE TRAINANTE, LE FER DERRIERE,
DV COSTE' GAVCHE.

Pour mettre la pique en defenſe contre la Cavallerie , il faut appuyer le talon de la pique contre le pied droiẛ ; avancer le pied gauche un grand pas en avant ; prendre la pique de la main gauche environ au contrepoids ; plier fort le genoüil de devant ; baiſſer le fer de la
pique à la hauteur du poitral d'un cheval, & mettre l'eſpée à la main
par deſſus le bras gauche.

C'eſt en ceſte poſture qu'on peut mieux reſiſter à la Cavallerie.

PIQVE EN DEFENSE CONTRE LA CAVALLERIE.

Apres avoir fait pique en defenfe contre la Cavallerie , pour faire remettre les Piquiers piques en terre, qui eft la premiere pofture où ils eftoient lors qu'ils ont commencé le maniment de leurs Armes ; il faut, s'ils ont mis l'efpée à la main, la remettre dans fon fourreau ; prendre la pique avec la main droicte , au deffus de la main gauche , de laquelle il faut en mefme temps lâcher la pique ; redreffer la pique , fon talon eftant toûjours en terre ; puis porter tout d'un temps, le pied droict & la pique , à cofté du pied gauche ; & les Piquiers feront remis en leur premiere pofture , comme monftre cette figure ; & le Maniment des Armes fera achevé.

Ceux qui leur feront les commandements les pourront faire de fuite comme ils font dans ce Livre, fi bon leur femble, finon commencer par tel qu'ils voudront, n'y ayant rien qui les oblige à fuivre cet ordre.

Mais d'autant qu'il n'a pas efté enfeigné au difcours precedent, en quelle pofture les Piquiers doivent eftre, pour mettre les piques en de-fenfe contre la Cavallerie, on remarquera qu'apres que les Piquiers ont faict Pique trainante, le fer derriere, du cofté gauche, qu'il les faut faire remettre la pique en terre, comme eft cette figure ; ce qu'ils fe-ront en portant d'un mefme temps la main droicte fur le talon de la pique, & le pied droict en avant, en fe tournant à gauche ; puis lever la pique toute droicte avecque les deux mains ; lâcher la main gauche, & la porter une braffée plus haut ; lâcher encore la main droicte, & la porter une autre braffée plus haut ; puis en fe tournant à droict, lâcher la main gauche, & reporter tout d'un temps le pied & la main droicte un grand pas en arriere ; puis porter auffi toft le pied droict au-droict de l'autre, en mettant le talon de la pique en terre.

FIN DV MANIMENT DES ARMES.

EVOLVTIONS

EVOLVTIONS

A PRES avoir dreſſé les Soldats au maniment de leurs armes, il eſt neceſſaire de leur monſtrer les EVO-LVTIONS, pour le beſoin qu'on en peut avoir en pluſieurs actions de guerre, ſoit à doubler les rangs, demy-rangs, quarts de rangs : files, demy-files, quarts de files : converſions, & contremarches, par files, & par rangs; toutes motions utiles, tant à former les bataillons contre la cavallerie & contre l'infanterie, qu'à gaigner, ou quitter un terrain, ſelon la neceſſité, & les avantages qu'on en peut prendre. Et parce que dans la ſuite il ſe trouvera quelques mouvemens qui ne ſont pas abſolument neceſſaires, il me ſuffit pour juſtifier la raiſon pourquoy je les ay mis en ce lieu, de dire qu'outre le plaiſir qu'il y a de les voir practiquer, ils ſervent encore à rendre les Soldats plus adroicts, ce qui n'eſt pas un petit avantage; mais la plus forte conſideration qui m'a obligé de ne les laiſſer point en arriere, eſt la pratique que j'en ay veu faire au plus grand Roy du monde, duquel i'ay eu l'honneur d'apprendre le peu que je ſçay dans ce meſtier.

Apres avoir fait le maniment des armes, il faut avant que de commencer les Evolutions, remettre le bataillon en ſon premier eſtat, les Piquiers au milieu, & les Mouſquetaires ſur les deux flancs, ce qui ſe fera commodement apres avoir fait prendre les armes à tous les Soldats, par ce commandement.

A VOS ARMES, TOVT LE MONDE.

Les Soldats ayans pris leurs armes, il faut commander le ſilence, lequel n'eſtant point obſervé, les commandemens ne ſeroient pas ouïs, & tout iroit en deſordre; il faut auſſi empeſcher que perſonne ne quitte ſon rang, ny fa file, ny ne tourne la tefte deçà ou delà , n'y ayant rien qui foit de plus mauvaife grace. Puis pour remettre le Bataillon , faire les commandemens qui fuivent.

PORTEZ VOS ARMES, MOVSQVETAIRES.

HAVT LA PIQVE.

LE DEMY RANG DES MOVSQVETAIRES DE MAIN GAVCHE , A GAVCHE.

A DROICT, PIQVIERS.

CEVX QVI ONT FAICT A DROICT ET A GAVCHE , MARCHENT PAR LES INTERVALES DES RANGS.

Il faut qu'ils marchent jufques à ce que les Piquiers foient joints au demy-rang de Moufquetaires qui n'a bougé de fon terrain , & que les Moufquetaires qui ont marché foient hors des rangs des Piquiers.

A L T E.

A DROICT, MOVSQVETAIRES QVI ONT MARCHE'.

A GAVCHE, PIQVIERS.

METTEZ VOS PIQVES EN TERRE.

DRESSEZ VOS FILES ET VOS RANGS.

Ce commandement eftant fait , il faut dire aux Officiers & Sergens, de les faire tousjours tenir en eftat.

NE FAITES RIEN SANS COMMANDEMENT.

Ce commandement eft neceffaire , dautant que fi châcun faifoit à fa tefte , il fe pourroit rencontrer qu'il fe feroit divers mouvemens à la fois, ce qui cauferoit de la confufion.

PORTEZ BIEN VOS ARMES.

Ce qu'il faut faire pour les bien porter, eft dit ailleurs.

A DROICT.

L'on fait d'ordinaire quatre fois ce commandement, à fin qu'à la derniere, le front se trouve où il estoit au commencement. Pour faire à droit, il ne faut que tourner sur le pied gauche, & porter le pied droit gravement à costé;

Les Piquiers doivent porter la main & la pique, en la posant à terre, en mesme temps que le pied droit.

A GAVCHE.

Pour faire à gauche, il faut observer la mesme chose que dessus, pour les temps du pied & de la main.

DEMY TOVR A DROICT.

L'instruction pour faire demy tour à droict, & pour se remettre, soit en presentant les armes, ou autrement, est escrite au traicté du Maniment des armes.

DEMY TOVR A GAVCHE.

Ce qu'il faut faire, pour faire demy tour à gauche, & pour se remettre, est pareillement monstré audit traicté du Maniment des armes.

Le Bataillon estant remis à son premier front, il faut faire mettre les mousquets sur l'espaule, si l'on les a presentez, & les piques en terre, en la sorte qu'il est escrit au traicté susdit.

PORTEZ VOS ARMES, MOVSQVETAIRES.

PIQVES EN TERRE.

Advertissez les rangs qui doivent doubler, Sergens.

Celuy qui commande, doit à tous les commandemens qu'il fait, donner cet ordre aux Sergens, à fin que les Soldats ne soient pas surpris.

HAVT LA PIQVE, LES RANGS QVI DOIVENT DOVBLER.

Il faut, pour doubler les rangs, fi le bataillon eft à huiɕt de hauteur, que ce foient le fecond, le quatriefme, le fixiefme, & le huiɕtiefme, qui doublent; & s'il eftoit à fix, ou à dix de hauteur, il faudroit les faire doubler par le mefme ordre, laiffant tousjours le premier, & ainfi l'vn entre l'autre, fur leur terrain.

Il faut faire obferver que les Soldats partent tousjours du pied gauche, & qu'ils fe placent dans le milieu des diftances des rangs, dans lefquels il doublent.

Pour remettre les rangs, il faut en partant faire le demy-tour à droit, Puis marcher du pied gauche, jufques à la place d'où on eftoit party, où eftans arrivez, il faut encore faire demy-tour à droiɕt pour eftre remis.

PRENEZ GARDE A VOVS LES RANGS QVI
DOIVENT DOVBLER.

A DROICT DOVBLEZ VOS RANGS.

A DROICT REMETTEZ VOS RANGS.

Pour doubler les rangs à gauche, il faut obferver la mefme chofe que deffus.

Pour remettre les rangs, il faut en partant faire demy tour à gauche; puis marcher jufqu'à la place où on eftoit avant que doubler, où eftans arrivez, il faut encore faire demy tour à gauche pour eftre remis.

A GAVCHE

A GAVCHE DOVBLEZ VOS RANGS.

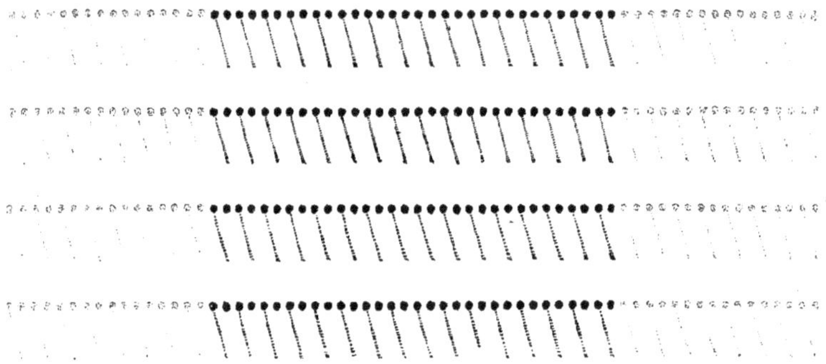

A GAVCHE REMETTEZ VOS RANGS.

METTEZ VOS PIQVES EN TERRE.

CEVX QVI N'ONT PAS DOVBLE', HAVT LA PIQVE.

Avertiffez les rangs qui doivent doubler en arriere.

P

Pour doubler les rangs en arriere, le premier doit doubler dans le second, le troisiefme dans le quatriefme, & les autres de suite, par le mefme ordre ; & ceux qui doublent se doivent tousjours placer au milieu des distances ; en partant ils doivent faire demy-tour à droict tout d'un temps, & la mefme chose en arrivant dans les rangs où ils doublent.

Pour remettre les rangs, il ne faut que marcher jusques à la place d'où on estoit parti.

Prenez garde à vous , pour doubler les rangs en arriere.

A DROICT DOVBLEZ VOS RANGS EN ARRIERE.

REMETTEZ VOS RANGS.

Pour doubler les rangs à gauche, en arriere, il faut obferver la mefme chofe que deffus, excepté qu'il faut faire le demy-tour à gauche.

Pour remettre les rangs, il ne faut que marcher jufqu'à la place d'où on eftoit party.

A GAVCHE, DOVBLEZ VOS RANGS EN ARRIERE.

REMETTEZ VOS RANGS.

METTEZ VOS PIQVES EN TERRE.

HAVT LA PIQVE, DEMY-FILE.

Avertiſſez le Serre-file, pour doubler les rangs.

Pour doubler les rangs à droict, par ferre-file, il faut que le dernier rang parte du pied gauche , que châque foldat marche par la file, qui eft à fa droicte , & fe place dans le milieu des diftances du premier rang ou chef de file , que le rang qui eft devant le ferre-file fe place dans le fecond rang , & ainfi de fuite, jufques à ce que les demy-files foient dans les ferre demy-files, laiffant tousjours paffer celuy qui eft derriere-foy le premier.

Pour fe remettre , il faut que tout ce qui a doublé faffe demy-tour à droict d'un mefme temps , & que les demy-files fe remettent les premiers , & les rangs les plus proche d'eux en fuite , à fin de laiffer le paffage libre à ceux qui viennent derriere.

Serre-file , prenez garde à vous, pour doubler vos rangs.

A DROICT PAR SERRE-FILE DOVBLEZ VOS RANGS.

DEMY-FILE A DROICT REMETTEZ VOS RANGS.

Pour doubler les rangs à gauche, par ferre-file , il faut obferver la mefme chofe que deffus.

Il faut fe remettre par le demy-tour à gauche, comme deffus.

DEMY-FILE

A GAVCHE, PAR SERRE-FILE, DOVBLEZ VOS RANGS.

DEMY-FILE, A GAVCHE, REMETTEZ VOS RANGS.

METTEZ VOS PIQVES EN TERRE.

CEVX QVI N'ONT PAS DOVBLE', HAVT LA PIQVE.

Avertiſſez pour doubler les rangs par Chefs de files.

Q

Pour doubler les rangs par Chefs de file, il faut que le premier rang
faſſe demy-tour à droict, & haut la pique, en tournant; dequoy il le
faut avoir averty, auparavant qu'il marche par les intervales, juſqu'à
ce qu'il ſoit dans le dernier rang, au Serre-file; & que tous les rangs
qui ſont apres luy, juſqu'au Serre demy-file, le ſuivent en la meſme ſorte, tant que les Serre demy-files ſoient placez dans la demy-file, &
que là il faſſent demy-tour á droict.

Il faut que les Serres demy-files ſe remettent les premiers, pour laiſſer le paſſage libre aux autres ; & qu'en ſuite, ceux qui ont doublé ſe
remettent, châcun en ſa place.

Chefs de files, prenez garde à vous, pour doubler les rangs.

A DROICT, PAR CHEFS DE FILES, DOVBLEZ VOS RANGS.

SERRE DEMY-FILE, REMETTEZ VOS RANGS.

Pour doubler à gauche , il faut obferver ce que deffus, excepté qu'il faut tourner à gauche.

Il faut fe remettre de mefme qu'en la precedente figure , les ferre demy-files les premiers.

A GAVCHE , PAR CHEFS DE FILES , DOVBLEZ VOS RANGS.

SERRE DEMY-FILE , REMETTEZ VOS RANGS.

METTEZ VOS PIQVES EN TERRE.

HAVT LA PIQVE , DEMY-FILE.

Avertiſſez le demy-file, pour doubler les rangs.

Q iij

Pour doubler les rangs par demy-file, il faut que les demy-files, partant de sur leur terrain, marchent par les intervales, jusques dans le premier rang, & que les rangs qui sont apres eux se placent en suite, de sorte que le dernier rang se trouve dans les serre demy-files.

Pour se remettre, il faut que tous ceux qui ont marché fassent demy-tour à droict, & que les serre-files partent les premiers, & marchent jusqu'à ce que depuis eux jusqu'aux demy-files, tout soit au lieu d'où ils estoient partis, où ils feront encore demy-tour à droict, & feront remis.

Demy-file , prenez garde à vous , pour doubler les rangs.

A DROICT, PAR DEMY-FILE, DOVBLEZ VOS RANGS.

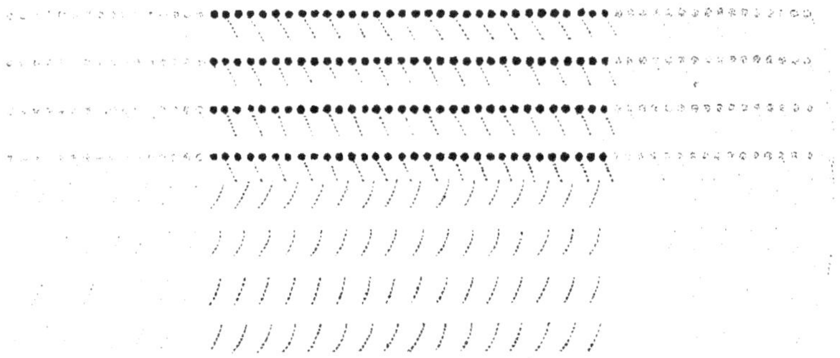

SERRE-FILE, A DROICT, REMETTEZ VOS RANGS.

Pour doubler à gauche, par demy-file, il faut obferver la mefme chofe que deſſus.

Il faut fe remettre par le demy-tour à gauche.

A GAVCHE

A GAVCHE, PAR DEMY-FILE, DOVBLEZ VOS RANGS.

SERRE-FILE, A GAVCHE, REMETTEZ VOS RANGS.

METTEZ VOS PIQVES EN TERRE.

CEVX QVI N'ONT PAS DOVBLE', HAVT LA PIQVE

Avertiſſez le ſerre demy-file, pour doubler les rangs.

R

Pour doubler les rangs par, ferre demy-files, il faut que depuis le ferre demy-file, jufqu'au chef de file, ils faffent demy-tour à droiċt, & qu'ils marchent par les intervales des files, jufqu'à ce que les ferres demy-files foient dans les ferre-files, & les chefs de files, dans les demy-files, où ils feront demy-tour à droiċt.

Les chefs de files doivent marcher les premiers, pour remettre leurs rangs ; & en fuite les autres, jufqu'à ce que les ferre demy-files fe trouvent en leurs places.

Prenez garde à vous, ſerre demy-files, pour doubler les rangs.

A DROICT, PAR SERRE DEMY-FILE, DOVBLEZ VOS RANGS.

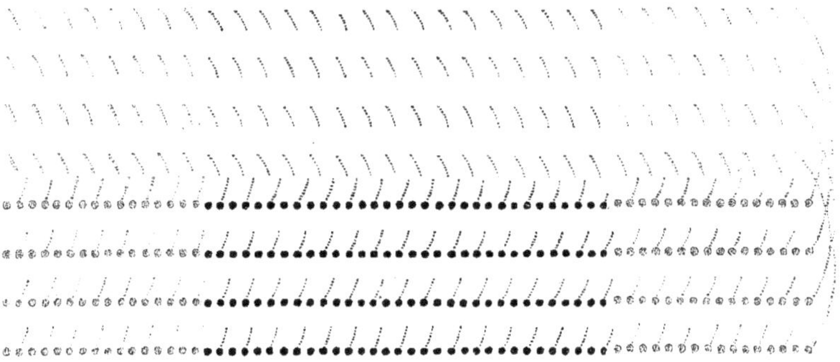

CHEFS DE FILES, REMETTEZ VOS RANGS.

Pour doubler les rangs à gauche, par ferre demy-file, on obfervera ce qui a efté dit en la figure precedente, excepté qu'on fera le demy-tour à gauche.

Il faut fe remettre comme il a efté dit cy-deffus.

A GAVCHE, PAR SERRE DEMY-FILE, DOVBLEZ VOS RANGS.

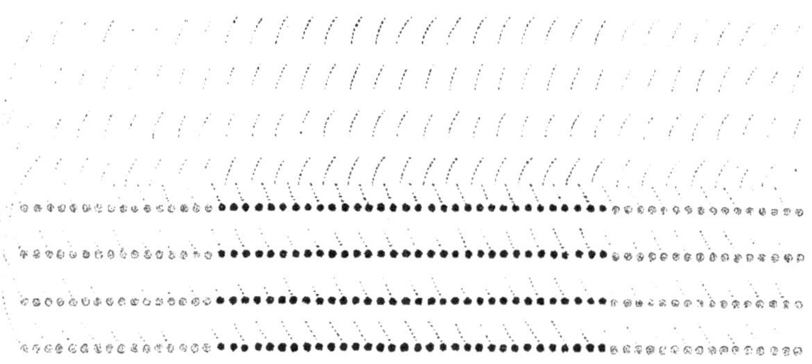

CHEFS DE FILES, REMETTEZ VOS RANGS.

METTEZ VOS PIQVES EN TERRE.

Avertiſſez les quarts de files de la teſte & de la queuë, pour doubler les rangs, ſur les quarts de files du milieu.

HAVT LA PIQVE, QVARTS DE FILES DE LA TESTE ET DE LA QVEVE.

R iij

Pour doubler les rangs à droiɕt , par quarts de files de la teſte, & de la queuë , ſur les quarts de files du milieu , il faut que depuis les chefs de files, juſqu'au ſerre demy-file , les quarts de files faſſent demy-tour à droiɕt , & qu'apres, tout d'un temps, les quarts de files de la queuë & ceux de la teſte, aillent doubler dans les rangs du milieu , qu'ils prennent le milieu des diſtances , & que ceux qui ont fait demy-tour à droiɕt , faſſent encore demy-tour à droiɕt.

Pour remettre les rangs , les quarts de files de la queuë, feront demy-tour à droiɕt , puis ceux de la teſte, & eux, marcheront tout d'un temps à leur places , & ſe remettront.

Quarts de files de la teſte & de la queuë, prenez garde à vous, pour
doubler les rangs ſur les quarts de files du milieu.

QVARTS DE FILES DE LA TESTE ET DE LA QVEVE, A DROICT, DOVBLEZ VOS RANGS, SVR LES QVARTS DE FILES DV MILIEV.

CHEFS DE FILES, ET SERRE-FILES, A DROICT, REMETTEZ VOS RANGS.

Pour doubler les rangs à gauche, par quarts de files de la teste & de la queuë, sur les quarts de files du milieu, on observera ce qui est dit en la figure precedente, excepté que les quarts de files de la teste feront le demy-tour à gauche.

Pour se remettre, il faut que les quarts de files de la queuë fassent demy-tour à gauche, & qu'après ils observent ce qui est dit en la figure precedente.

A G A V C H E

A GAVCHE, PAR QVARTS DE FILES DE LA TESTE ET DE LA QVEVE, DOVBLEZ VOS RANGS, SVR LES QVARTS DE FILES DV MILIEV.

CHEFS DE FILES, ET SERRES FILES, REMETTEZ VOS RANGS.

METTEZ VOS PIQVES EN TERRE.

CEVX QVI N'ONT PAS DOVBLE', HAVT LA PIQVE.

Avertiſſez les quarts de files du milieu , pour doubler les rangs, ſur les quarts de files de la teſte & de la queuë.

S

Pour doubler les rangs par quarts de files du milieu, les demy-files feront demy-tour à droict; puis les quarts de files du milieu marcheront enfemble, tout d'un temps, jufqu'à ce qu'ils ayent doublé dans les rangs de la tefte & de la queuë; où ceux qui ont fait demy-tour à droict, feront encore demy-tour à droict.

Pour fe remettre, les ferre demy-files, feront demy-tour à droict; puis les quarts de files du milieu, marcheront tous, en mefme temps, en leurs places, où ils fe remettront.

Prenez garde à vous , quarts de files du milieu , pour doubler les
rangs , fur les quarts de files de la tefte & de la queuë.

QVARTS DE FILES DV MILIEV, A DROICT, DOV-
BLEZ VOS RANGS, SVR LES QVARTS DE FILES
DE LA TESTE ET DE LA QVEVE.

DEMY-FILES, ET SERRE DEMY-FILES, REMET-
TEZ VOS RANGS.

Pour doubler les rangs à gauche, par quarts de files du milieu , fur les quarts de files de la tefte & de la queuë , on obfervera ce qui a efté dit en la figure precedente ; excepté que les demy - files feront de-my - tour à gauche ; puis , apres que les quarts de files du milieu auront doublé dans les rangs de la tefte & de la queuë , ceux qui auront fait demy - tour à gauche , feront encore demy-tour à gauche .

Pour fe remettre , les ferre demy - files feront demy - tour à gauche ; puis les quarts de files du milieu , marcheront en leurs places , où ils fe remettront.

A GAVCHE, PAR QVARTS DE FILES DV MILIEV, DOVBLEZ VOS RANGS, SVR LES QVARTS DE FILES DE LA TESTE, ET DE LA QVEVE.

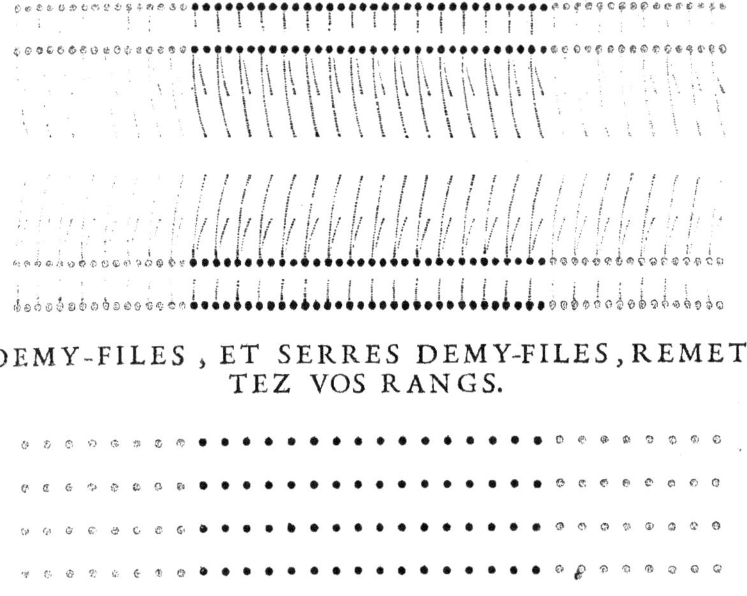

DEMY-FILES, ET SERRES DEMY-FILES, REMET-TEZ VOS RANGS.

METTEZ VOS PIQVES EN TERRE.

S iij

Ces commandemens ſe font pour faire ſerrer les files , en ſorte qu'a-pres que les demy-files ont doublé , il ſe trouve qu'il n'y a pas plus de terrain occupé qu'auparavant.

Mais il faut remarquer , que pour faire , comme dit eſt , ſerrer les files , il faut neantmoins commander de ſerrer les rangs ; parce qu'a-pres que les quarts de rangs ont fait à droict & à gauche , ce qui eſtoit file auparavant , eſt rang , juſqu'à ce qu'ils ſoient remis ſur leur pre-mier front.

Pour executer ce commandement , il faut partager les Mouſquetai-res de châque aiſle , aux demy-rangs , châque aiſle à part , & les faire ſerrer entr'-eux ; & les Piquiers de meſme ; à fin qu'en doublant ſur les aiſles , les Piquiers & les Mouſquetaires ne ſoient point meſlez ; Puis pour les faire remettre ſur leur premier front , on fait les commande-mens qui ſont au deſſous de la figure.

Les petits poincts monſtrent la place où ils eſtoient , avant qu'eſtre ferrez.

DEMY-RANG DE MAIN DROICTE, A GAVCHE.

DEMY-RANG DE MAIN GAVCHE, A DROICT.

SERREZ VOS RANGS EN AVANT, IVSQV'A LA
POINTE DE L'ESPE'E.

DEMY-RANG DE MAIN DROICTE, A DROICT.

DEMY-RANG DE MAIN GAVCHE, A GAVCHE.

Avertissez le demy-file, pour doubler les rangs, sur les aisles.

HAVT LA PIQVE, DEMY-FILE.

Pour executer ce commandement , il faut que les demy-files fe par-
tagent aux demy-rangs, que les demy-rangs de main droicte, faffent à
droict ; le demy-rang de main gauche , à gauche ; qu'ils marchent jufqu'à
ce qu'ils foient un pas hors de ceux qui n'ont bougé de fur leur terrain ; & qu'apres, le demy-rang de main droicte , faffe à gauche ; celuy
de main gauche , à droict ; & qu'ils marchent jufqu'à ce que les demy-
files fe trouvent au droict des chefs de files.

Il faut fe remettre par le mefme ordre que l'on a doublé ; à fçavoir,
que ceux qui ont fait à droict & à gauche , faffent encore la mefme
chofe ; & qu'ils prennent garde en retournant en leurs places , que ce
foit tous d'un mefme temps , & que les rangs & les files foient tousjours droicts.

Prenez garde

Demy-file ,prenez garde à vous, pour doubler les rangs , fur les aifles.

A DROICT ET A GAVCHE, PAR DEMY-FILE, DOV-BLEZ VOS RANGS, SVR LES AISLES.

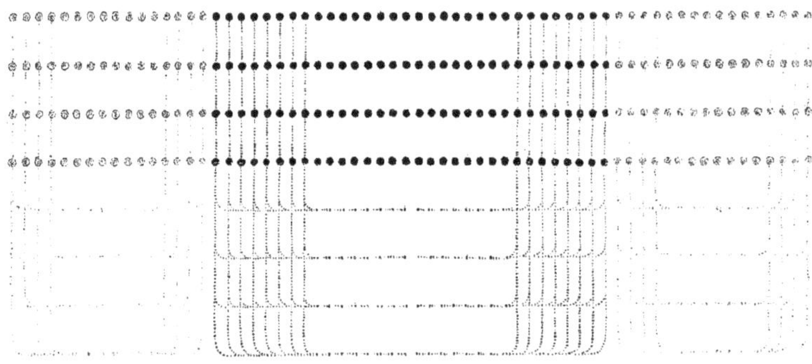

SERRE-FILE, A DROICT, ET A GAVCHE, REMETTEZ VOS RANGS.

METTEZ VOS PIQVES EN TERRE.

CEVX QVI N'ONT PAS DOVBLE', HAVT LA PIQVE.

Avertiffez le ferre-demy-file , pour doubler les rangs , fur les aifles.

T

Pour doubler les rangs à droi& & à gauche , par ferre demy-file,
fur les aifles ; il faut que les chefs de files s'ouvrent aux demy-rangs,
& qu'ils obfervent la mefme chofe en arriere, qu'ont fait les demy-files
en avant.

Pour fe remettre , il faut que les chefs de files partent les premiers,
& faffent, tout d'un temps, à droi& & à gauche, comme il a efté dit.

Prenez garde à vous , ferre demy-file , pour doubler les rangs fur les aifles.

A DROICT , ET A GAVCHE , PAR SERRE DEMY-FILE , DOVBLEZ VOS RANGS.

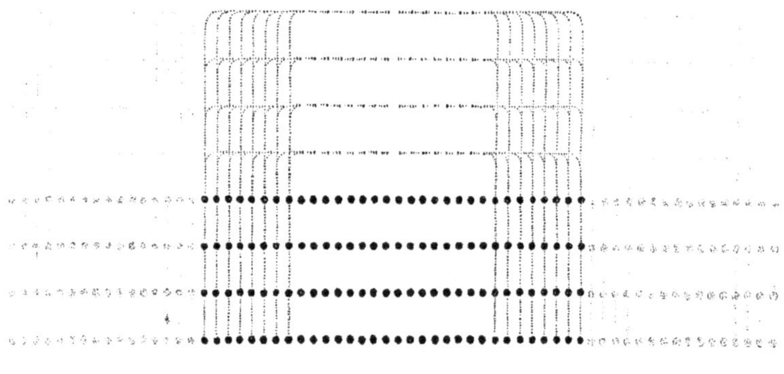

CHEFS DE FILES , REMETTEZ VOS RANGS.

HAVT LA PIQVE , TOVT LE MONDE.

Avertiffez le demy-file , pour doubler les rangs dans le milieu.

Il faut faire ouvrir, depuis les chefs de files juſqu'au ſerre demy-files,
aux demy-rangs ; tant qu'il y ait aſſez d'eſpace dans le milieu, pour y
placer les demy-files.

Il faut que les demy-files marchent juſques aux chefs de files, &
que ceux qui ſont derriere eux les ſuivent, en ſorte que les ſerres-files
ſe trouvent au droict des ſerres demy-files, dans la diſtance qu'on leur
a laiſſée au milieu.

Pour ſe remettre, il faut faire demy-tour à droict, avant que de
bouger, & les ſerres-files, partant les premiers, les faire marcher
juſques en leur places ; & lors que les demy-files ſe trouveront hors
des ſerres demy-files, qu'ils faſſent demy-tour à droict, & que les
chefs de files ſe reſſerrent en meſme temps ; comme monſtre la figure
du fueillet 143.

Demy-file, prenez garde à vous, pour doubler les rangs dans le milieu.

CHEFS DE FILES , OVVREZ-VOVS, A DROICT ET A GAVCHE , PAR DEMY RANGS.

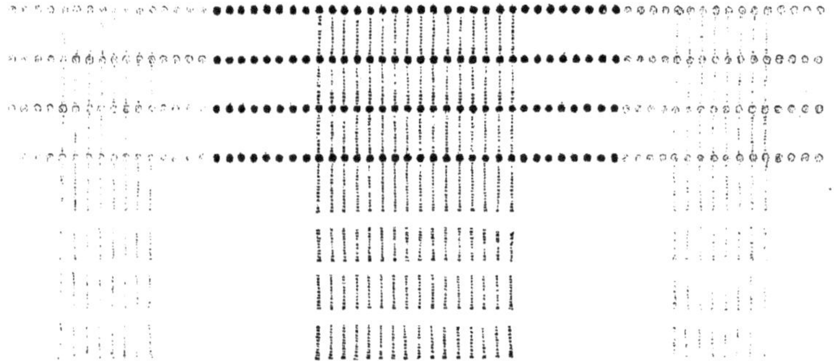

DEMY-FILE, DOVBLEZ VOS RANGS DANS LE MILIEV.

SERRE FILE, A DROICT, REMETTEZ VOS RANGS.

Il faut qu'ils s'ouvrent , autant que s'eſtoient ouverts les chefs de files , par demy rangs.

Pour doubler les rangs à droiĉt, dans le milieu , par ſerre demy-file, il faut que les ſerre demy-files , faſſent demy-tour à droiĉt , & qu'ils marchent dans la diſtance qu'on leur a laiſſée , juſqu'à ce que le ſerre demy-file ſoit dans le ſerre-file , & les chefs de files , dans les demy-files , où ils feront encore demy-tour à droiĉt.

Pour ſe remettre, il faut que les chefs de files marchent les premiers, juſqu'à leur places , & lors que les ſerre demy-files feront hors des demy-files , faire reſſerrer les demy-files , comme monſtre la figure que nous avons miſe ſeule au feuillet ſuivant.

Prenez garde à vous, ſerre demy-file, pour doubler les rangs dans le milieu.

DEMY-FILE, OVVREZ-VOVS A DROICT ET A GAVCHE, PAR DEMY-RANGS.

A DROICT, PAR SERRE DEMY-FILE, DOVBLEZ VOS RANGS DANS LE MILIEV.

CHEFS DE FILES, REMETTEZ VOS RANGS.

DEMY-FILE

DEMY-FILE, REPRENEZ VOS DISTANCES.

METTEZ VOS PIQVES EN TERRE.

Avertiſſez les quarts de files du milieu , pour doubler les rangs , ſur les aiſles des quarts de files de la teſte & de la queuë.

V

Pour doubler les rangs, à droict, par quarts de files du milieu, sur les aisles des quarts de files de la teste & de la queuë, il faut que le demy-rang de main droicte, des quarts de files du milieu, fasse à droict ; & celuy de main gauche, à gauche ; & qu'ils marchent de part & d'autre, tant que les deux files du milieu soient hors des deux files des aisles ; apres quoy, les quatre demy-rangs de main droicte, à sçavoir le serre demy-file, & celuy de dessus, feront à gauche ; & le demy-file, & celuy de dessous, feront à droict : & des quatre demy-rangs de main gauche, le serre demy-file, & celuy de dessus, feront à droict ; & le demy-file, & celuy de dessous, feront à gauche ; & marcheront dans la place qui leur a esté faite, sur les aisles des quarts de files de la teste & de la queuë ; où les quarts de files du milieu, qui auront doublé sur les quarts de files de la queuë, feront demy-tour à droict, à fin de faire tous un mesme front.

Pour se remettre, les quarts de files qui ont doublé à la teste, feront demy-tour à droict ; & tant eux, que ceux qui ont doublé à la queuë, marcheront d'un mesme temps, jusqu'à ce qu'ils soient au droict de leurs rangs ; puis ils feront à droict & à gauche, & continuront de marcher jusques en leurs places ; où estans, ceux qui ont fait demy-tour à droict, feront encore demy-tour à droict, & seront remis.

Quarts de files du milieu, prenez garde à vous, pour doubler les rangs, fur les aifles des quarts de files de la tefte & de la queuë.

A DROICT, ET A GAVCHE, PAR QVARTS DE FILES DV MILIEV, DOVBLEZ VOS RANGS, SVR LES AISLES DES QVARTS DE FILES DE LA TESTE ET DE LA QVEVE.

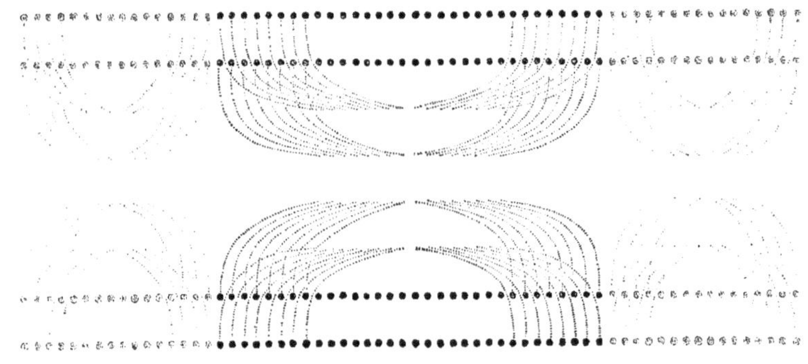

QVARTS DE FILES DV MILIEV, REMETTEZ VOS RANGS.

METTEZ VOS PIQVES EN TERRE.

Avertiffez les quarts de files de la tefte & de la queuë, pour doubler les rangs, fur les aifles des quarts de files du milieu.

HAVT LA PIQVE, QVARTS DE FILES DE LA TESTE, ET DE LA QVEVE.

Pour doubler les rangs , par quarts de files de la teſte & de la queuë, ſur les aiſles des quarts de files du milieu ; il faut que le demy - rang de main droicte , des quarts de files de la teſte , & celuy de la queuë, faſ-ſent à droict ; & le demy - rang de main gauche , à gauche ; & qu'ils marchent juſqu'à ce qu'ils ſoient un pas hors des rangs du milieu ; apres quoy , le meſme demy-rang de main droicte des quarts de files de la teſte , fera encore à droict , & celuy de la queuë , à gauche ; & le demy - rang de main gauche des quarts de files de la teſte , fera pareillement à gauche , & celuy de la queuë à droict ; puis ils marche-ront tout d'un temps , ſur les aiſles des quarts de files du milieu ; où ceux de la teſte feront demy - tour à droict , à fin de faire tous un meſme front.

Pour ſe remettre, les quarts de files de la queuë , feront demy-tour à droict ; & tant eux, que ceux de la teſte, marcheront juſqu'à ce qu'ils ſoient au droict de leurs rangs ; apres quoy , ils feront à droict & à gauche , & continueront de marcher en leurs places , où ils ſe remet-tront.

Quarts de files de la teſte & de la queuë, prenez garde à vous, pour doubler les rangs , ſur les aiſles des quarts de files du milieu.

A DROICT, ET A GAVCHE, PAR QVARTS DE FILES DE LA TESTE ET DE LA QVEVE, DOVBLEZ VOS RANGS, SVR LES AISLES DES QVARTS DE FILES DV MILIEV.

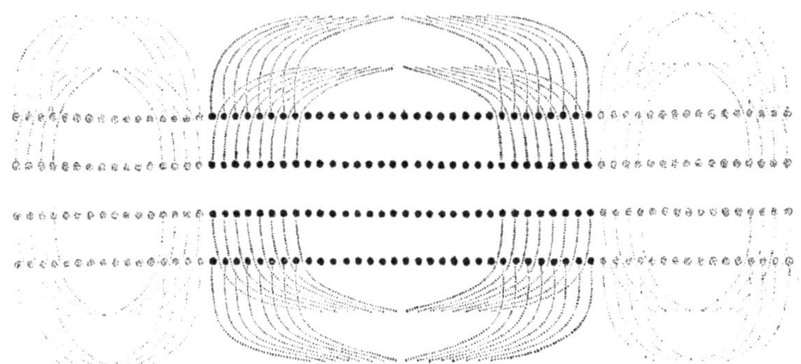

CHEFS DE FILES, ET SERRES-FILES, A DROICT, ET A GAVCHE, REMETTEZ VOS RANGS.

METTEZ VOS PIQVES EN TERRE.

Avertiſſez les quarts de files du milieu, pour doubler les rangs, dans le milieu des quarts de files de la teſte & de la queuë.

HAVT LA PIQVE, TOVT LE MONDE.

Pour doubler les rangs , dans le milieu des quarts de files de la tefte & de la queuë , par quarts de files du milieu , il faut faire ouvrir les quarts de files de la tefte , & ceux de la queuë , en faifant faire au demy-rang de main droiƈte, à droiƈt ; & au demy-rang de main gauche, à gauche ; & les faifant marcher jufqu'à ce qu'il y ait affez d'ouverture pour y placer les quarts de files du milieu ; & apres qu'ils auront marché , ceux qui auront fait à droiƈt, feront à gauche ; & ceux qui auront fait á gauche , feront à droiƈt.

Les quarts de files de la tefte , & ceux de la queuë , eftans ainfi ouverts , les cinq & fixiefme rangs feront demy-tour à droiƈt ; & tant eux , que les trois & quatriefme rangs , marcheront dans la place qui leur a efté faite , au milieu des quarts de files de la tefte & de la queuë; où eftans , ceux qui auront marché à la queuë , feront demy-tour à droiƈt.

Pour fe remettre , ceux qui ont doublé à la tefte , feront demy-tour à droiƈt ; puis eux , & ceux qui ont doublé à la queuë, marcheront en leurs places , où ceux qui auront fait demy-tour à droiƈt , feront encore demy-tour à droiƈt ; & au mefme temps , les quarts de files de la tefte & de la queuë , qui s'eftoient ouverts par demy-rangs , feront encore à droiƈt & à gauche , & fe remettront en leurs places , comme monftre la figure d'en bas du fueillet 157.

Quarts de files du milieu, prenez garde à vous, pour doubler les rangs, dans le milieu des quarts de files de la teste & de la queuë.

QVARTS DE FILES DE LA TESTE ET DE LA QVEVE, OVVREZ-VOVS, A DROICT ET A GAV-CHE, PAR DEMY-RANGS.

QVARTS DE FILES DV MILIEV, DOVBLEZ VOS RANGS, DANS LE MILIEV DES QVARTS DE FILES DE LA TESTE ET DE LA QVEVE.

QVARTS DE FILES DV MILIEV, REMETTEZ VOS RANGS.
METTEZ VOS PIQVES EN TERRE.

Avertiſſez les quarts de files de la teſte & de la queuë, pour doubler les rangs, dans le milieu des quarts de files du milieu.

HAVT LA PIQVE, QVARTS DE FILES DE LA TESTE ET DE LA QVEVE.

Pour doubler les rangs , dans le milieu des quarts de files du milieu,
par quarts de files de la tefte & de la queuë , il faut que les quarts de
files du milieu , s'ouvrent par demy‑rangs ; & qu'ils marchent à droiƌ
& à gauche , jufqu'à ce qu'ils ayent laiffé affez d'efpace pour placer les
quarts de files de la tefte & de la queuë.

Les quarts de files du milieu eftans ainfi ouverts , par demy rangs,
ceux qui ont marché , feront à droiƌ & à gauche , & les quarts de files
de la tefte , feront demy‑tour à droiƌ , en mefme temps , & le plus
promptement qu'il fe pourra ; Puis les quarts de files de la tefte & ceux
de la queuë , marcheront dans la place qui leur a efté faite ; où ceux
de la tefte feront encore demy‑tour á droiƌ.

Pour fe remettre , les quarts de files de la queuë feront demy‑tour
à droiƌ ; puis , ceux de la tefte & eux , marcheront en leurs places ; où
ceux qui auront fait demy‑tour à droiƌ , feront encore demy‑tour à
droiƌ ; à lors les quarts de files de la tefte & de la queuë , feront en‑
core ouverts par demy‑rangs , comme ils eftoient avant que doubler;
Et comme monftre la figure de deffus , en la page precedente ; puis ils
reprendront leurs diftances , comme en la figure fuivante.

Quarts de files de la tefte

Quarts de files de la teſte & de la queuë, prenez garde à vous, pour doubler les rangs , dans le milieu des quarts de files du milieu.

QVARTS DE FILES DV MILIEV, OVVREZ VOVS, A DROICT ET A GAVCHE, PAR DEMY-RANGS.

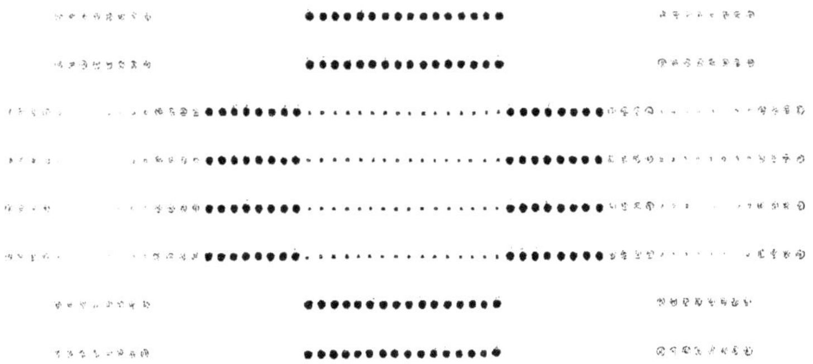

QVARTS DE FILES DE LA TESTE ET DE LA QVEVE, DOVBLEZ VOS RANGS , DANS LE MI-LIEV DES QVARTS DE FILES DV MILIEV.

CHEFS DE FILES , ET SERRE FILES, REMETTEZ VOS RANGS.

X

Il faut que le demy-rang de main droiéte, des quarts de files du milieu, faſſe à gauche ; & le demy-rang de main gauche, à droiét ; & qu'au meſme temps ils marchent en leurs places ; où eſtans, ceux qui auront fait à droiét, feront à gauche, & ceux qui auront fait à gauche, feront à droiét ; En ſuite dequoy, le Bataillon ſe remettra en ſa premiere diſtance, en executant les commandemens qui ſuivent ; & comme monſtre la figure de deſſous.

QVARTS DE FILES DV MILIEV, REPRENEZ VOS DISTANCES.

DEMY-RANG DE MAIN DROICTE, A DROICT.
DEMY-RANG DE MAIN GAVCHE, A GAVCHE.
MARCHEZ, TOVT LE MONDE, IVSQV'A VOS PREMIERES DISTANCES.

DEMY-RANG DE MAIN DROICTE, A GAVCHE.
DEMY-RANG DE MAIN GAVCHE, A DROICT.
METTEZ VOS PIQVES EN TERRE.

Avertiſſez, pour doubler les files à droiƈt.

Pour doubler les files à droiƈt , il faut que les files qui ont eſté averties, faſſent à droiƈt, auſſi‑toſt qu'on leur aura commandé de doubler; & en obſervant tousjours de partir du pied gauche , qu'ils marchent juſques dans le milieu des intervales des files , qui n'ont bougé ; où eſtans , ils feront à gauche , à fin de faire tous un meſme front.

Pour ſe remettre , ils feront encore à gauche ; & partans tousjours du pied gauche , retourneront en leurs places , où ils feront à droiƈt pour eſtre remis.

Il faut remarquer, que les files ſe remettent tousjours par le contraire du doublement , c'eſt à dire , que ſi on a doublé à droiƈt , il faut ſe remettre à gauche ; & ſi on a doublé à gauche , il faut ſe remettre à droiƈt ; au contraire des rangs , que l'on fait tousjours remettre de la meſme forte qu'on les a fait doubler.

Les files qui doivent doubler à droict , prenez garde à vous.

HAVT LA PIQVE, LES FILES QVI DOIVENT DOV-BLER A DROICT.

A DROICT, DOVBLEZ VOS FILES.

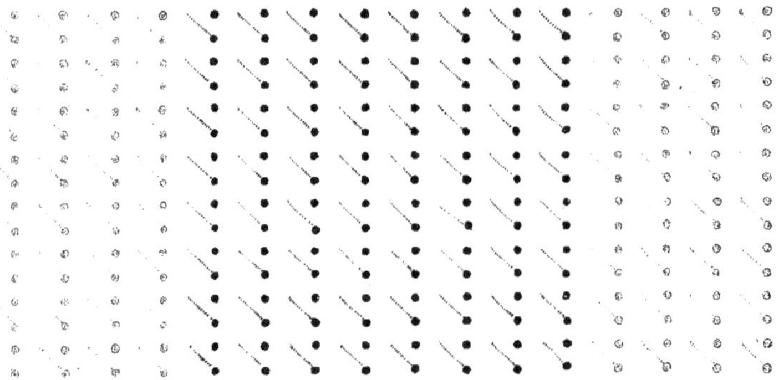

A GAVCHE, REMETTEZ VOS FILES.

METTEZ VOS PIQVES EN TERRE.

Avertiſſez pour doubler les files à gauche.

CEVX QVI N'ONT PAS DOVBLE', HAVT LA PIQVE.

X iij

Pour doubler les files à gauche, il faut que les files qui doivent doubler, faſſent à gauche ; & qu'ils marchent dans le milieu des intervales
des files, dans leſquelles ils doublent ; comme il a eſté dit en la figure
precedente ; où eſtans, ils feront à droiĉt.

Pour ſe remettre, ils feront encore à droiĉt, & retourneront en leurs
places ; où ils feront à gauche pour eſtre remis.

Les files qui doivent doubler à gauche , prenez garde à vous.

A GAVCHE, DOVBLEZ VOS FILES.

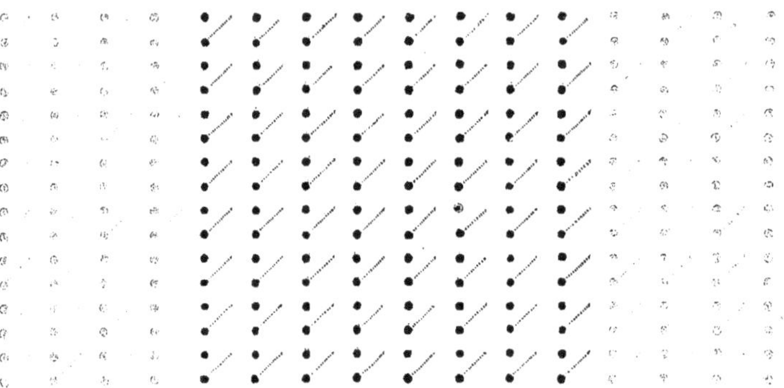

A DROICT, REMETTEZ VOS FILES,

METTEZ VOS PIQVES EN TERRE.

Avertiſſez le demy-rang , pour doubler les files à droiᶜt.

HAVT LA PIQVE , LE DEMY-RANG QVI DOIT DOVBLER A DROICT.

Pour doubler les files , à droict , par demy - rangs , il faut que le demy - rang de main gauche , faſſe à droict , tout d'un temps ; & que
partant du pied gauche , il marche par les intervales des rangs , juſqu'à ce que toute la file de main droicte , du demy - rang qui marche ,
ait doublé dans la file de main droicte , du demy rang , qui n'a bougé ; ainſi les autres files , ſuivans la premiere , elles ſe trouveront toutes avoir doublé à droict par demy - rang ; puis le demy - rang qui a
marché fera à gauche , à fin de faire tous un meſme front.

Pour ſe remettre , il faut que le demy - rang qui a doublé , faſſe à
gauche , & qu'il marche tout d'un temps , juſqu'à ce qu'il ſoit arrivé
en ſa place ; où il fera à droict , pour eſtre remis.

Demy - rang

Demy rang , qui doit doubler les files à droict , prenez garde
à vous.

A DROICT, PAR DEMY-RANG, DOVBLEZ VOS FILES.

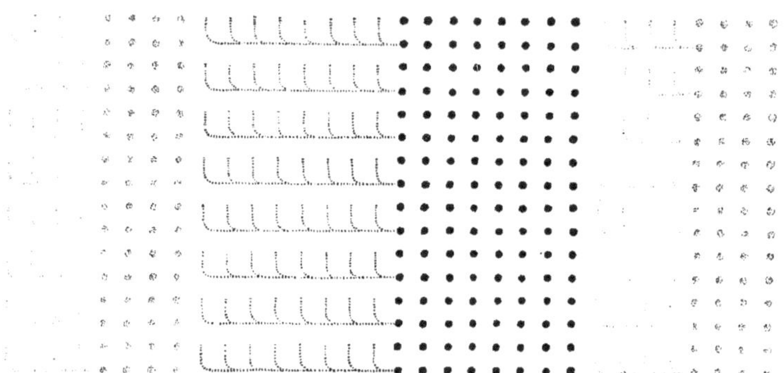

DEMY-RANG, A GAVCHE, REMETTEZ VOS FILES.

METTEZ VOS PIQVES EN TERRE.

CEVX QVI N'ONT PAS DOVBLE', HAVT LA PIQVE.

Avertiffez le demy-rang , pour doubler les files à gauche.

Y

Pour doubler les files à gauche , par demy-rang , il faut obferver la mefme chofe qu'en la figure precedente , excepté que pour doubler , il faut faire à gauche , & apres avoir doublé , faire à droict.

Pour fe remettre , le demy-rang qui a doublé , fera à droict , & marchera en fa place ; où il fera à gauche , pour eftre remis.

Demy-rang, qui doit doubler les files à gauche, prenez garde à vous.

A GAVCHE, PAR DEMY-RANG, DOVBLEZ VOS FILES.

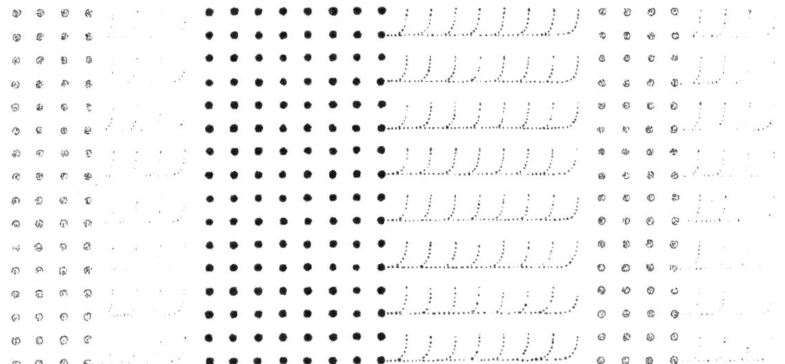

DEMY-RANG, A DROICT, REMETTEZ VOS FILES.

METTEZ VOS PIQVES EN TERRE.

Avertiſſez les quarts de rangs, pour doubler les files à droiét.

HAVT LA PIQVE, QVARTS DE RANGS, QVI DOIVENT DOVBLER LES FILES A DROICT.

Y ij

Pour doubler les files à droict , par quarts de rangs , il faut que les quarts de rangs qui auront esté avertis , observent ce qui a esté dit en l'expliquation de la figure de la page 169.

Ils se remettront pareillement , comme il a esté dit en l'expliquation de la figure de la mesme page 169.

Quarts de rangs , qui doivent doubler les files à droict, prenez garde à vous.

A DROICT, PAR QVARTS DE RANGS , DOV-
BLEZ VOS FILES.

QVARTS DE RANGS, A GAVCHE, REMETTEZ
VOS FILES.

METTEZ VOS PIQVES EN TERRE.

CEVX QVI N'ONT PAS DOVBLE', HAVT LA PIQVE.

Avertiſſez les quarts de rangs , pour doubler les files à gauche.

Pour doubler les files à gauche , par quarts de rangs , on obfervera ce qui a efté dit en l'expliquation de la figure de la page 171.

Pour fe remettre , on fera ce qui a efté dit en la figure de la mefme page 171.

Quarts de rangs, qui doivent doubler les files à gauche, prenez garde à vous.

A GAVCHE, PAR QVARTS DE RANGS, DOVBLEZ VOS FILES.

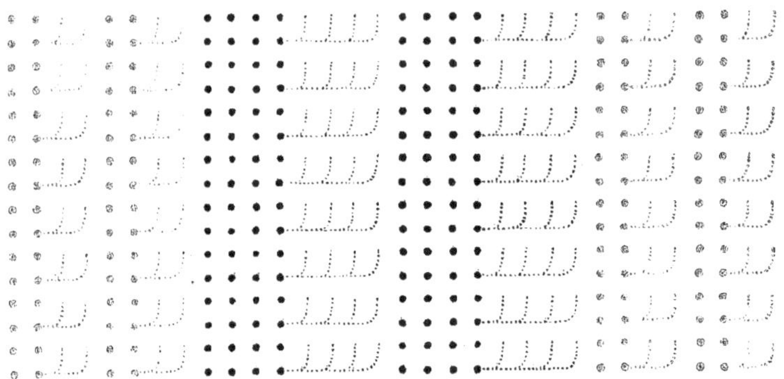

QVARTS DE RANGS, A DROICT, REMETTEZ VOS FILES.

METTEZ VOS PIQVES EN TERRE.

Avertiſſez les quarts de rangs des aiſles, pour doubler les files, ſur
les quarts de rangs du milieu.

HAVT LA PIQVE, QVARTS DE RANGS DES AISLES.

Quoy que ces termes, quarts de rangs des aifles , & quarts de rangs du milieu , n'ayent pas befoin d'expliquation , pour ne pouvoir eftre ignorez d'aucune perfonne, qui ait tant foit peu efté exercé au maniment des armes ; Toutefois , à fin que nous ne laiffions rien qui puiffe arrefter le Lecteur , nous dirons que les rangs d'un Bataillon , eftans partagez en quatre parties egales , les deux parties extremes , fe nomment quarts de rangs des aifles ; & les deux autres parties d'au dedans fe nomment quarts de rangs du milieu.

Pour donc doubler les files , par quarts de rangs des aifles , fur les quarts de rangs du milieu , il faut que le quart de rang de main droicte, faffe à gauche ; & le quart de rang de main gauche , faffe à droict ; & qu'ils marchent par les intervales des rangs , jufqu'à ce qu'ils ayent doublé fur ceux qui n'ont bougé du milieu ; où eftans , celuy-là qui a fait à gauche , fera à droict.

Pour fe remettre , il faut que le quart de rang de main droicte, qui a doublé , faffe à droict ; & le quart de rang de main gauche , faffe à gauche , & qu'ils retournent en leurs places ; où eftans , celuy de main droicte , fera à gauche ; & celuy de main gauche , à droict , pour eftre remis.

Quarts de rangs des aifles

Quarts de rangs des aifles, prenez garde à vous, pour doubler les files fur les quarts de rangs du milieu.

A DROICT ET A GAVCHE, PAR QVARTS DE RANGS DES AISLES, DOVBLEZ VOS FILES, SVR LES QVARTS DE RANGS DV MILIEV.

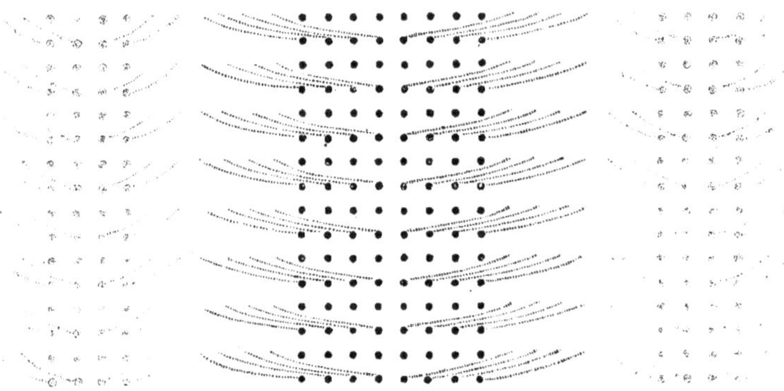

QVARTS DE RANGS DES AISLES, A DROICT ET A GAVCHE, REMETTEZ VOS FILES.

METTEZ VOS PIQVES EN TERRE.

Avertiffez les quarts de rangs du milieu, pour doubler les files, fur les quarts de rangs des aifles.

HAVT LA PIQVE, QVARTS DE RANGS DV MILIEV.

Z

Pour doubler les files , par quarts de rangs du milieu , fur les quarts de rangs des aifles , il faut partager ceux qui n'ont pas doublé au de-my-rang ; & que le quart de rang du milieu , qui eft à main droiéte, faffe à droiét ; & l'autre quart de rang , qui eft à main gauche , faffe à gauche ; & qu'ils marchent dans les intervales des quarts de rangs des aifles ; où eftans, celuy qui a marché à droiét , fera à gauche ; & celuy qui a marché à gauche , fera à droiét.

Pour fe remettre , il faut que le quart de rang du milieu , qui eft à main droiéte , faffe à droiét ; & celuy qui eft à main gauche , faffe à gauche ; & qu'ils retournent en leurs places ; où eftans , celuy de main droiéte , fera à gauche ; & celuy de main gauche , à droiét , pour eftre remis.

Quarts de rangs du milieu , prenez garde à vous , pour doubler les files sur les quarts de rangs des aisles.

QVARTS DE RANGS DV MILIEV, A DROICT ET A GAVCHE, DOVBLEZ VOS FILES, SVR LES QVARTS DE RANGS DES AISLES.

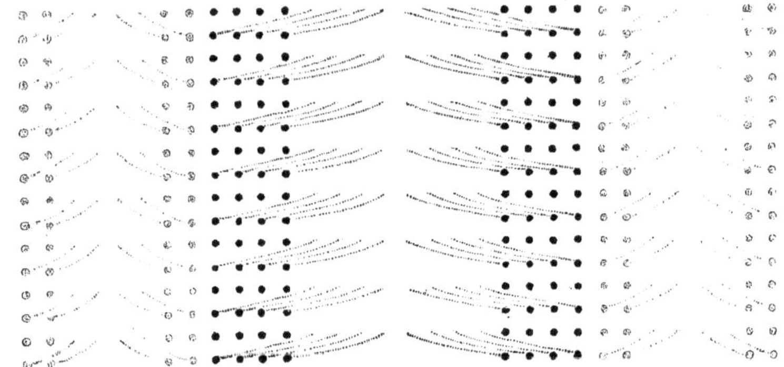

QVARTS DE RANGS DV MILIEV, A DROICT ET A GAVCHE, REMETTEZ VOS FILES.

HAVT LA PIQVE, TOVT LE MONDE.

Pour faire les doublemens qui ſuivent , tant par teſte & par queuë, que dans le milieu ; Soit par demy-rangs , ou par quarts de rangs ; il eſt neceſſaire de faire preſſer les rangs du Bataillon ; ce qu'on fera , commandant au ſerre demy-file , de faire demy-tour à droiᵈ ; & faiſant marcher tout le Bataillon en avant , tant qu'il n'occupe plus que la moitié de la place qu'il occupoit , à fin qu'apres avoir doublé par teſte & par queuë, il revienne dans ſon premier terrain ; puis , apres que les rangs feront aſſez ferrez, on fera encore faire demy-tour à droiᵈ , à ceux qui auront fait demy-tour à droiᵈ , à fin que tout le Bataillon aye un meſme front.

Apres que le Bataillon fera ainſi ferré, il faut partager le demy-rang de main gauche , au demy-file , comme monſtre la ligne droiᵈe poinᵈée , en cette figure : & que depuis le demy-file, juſqu'au ferre-file, ils faſſent demy-tour à droiᵈ : puis tout le demy-rang de main gauche , marchera , tant que le ferre demy-file , & le demy-file ſoient vn pas plus avancez que le chef de file , & le ferre-file, de ceux qui n'ont bougé : apres quoy , ceux qui ont marché à la teſte , feront à droiᵈ : & ceux qui ont marché à la queuë , feront à gauche , & continuront de marcher , pour aller prendre leurs places à la teſte & à la queuë, de ceux qui n'ont bougé : où eſtans , ils feront tous à gauche , à fin de faire un meſme front.

Pour ſe remettre , il faut que ceux qui ont doublé faſſent à gauche, & qu'ils marchent tant qu'ils ſoient au droiᵈ des places où ils eſtoient

SERRE DEMY-FILE , DEMY-TOVR A DROICT.

SERREZ VOS RANGS EN AVANT , IVSQV'A LA POINTE DE L'ESPEE.

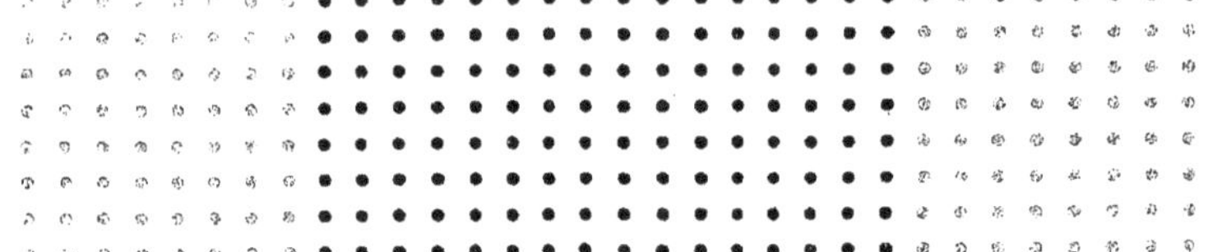

CEVX QVI ONT FAIT DEMY-TOVR A DROICT, DEMY-TOVR A DROICT.
METTEZ VOS PIQVES EN TERRE.

Avertiffez le demy-rang , pour doubler les files à droiƈ , par tefte & par queuë.

HAVT LA PIQVE, DEMY-RANG, QVI DOIT DOVBLER LES FILES A DROICT , PAR TESTE ET PAR QVEVE.

Demy-rang , prenez garde à vous.

A DROICT PAR DEMY-RANG , DOVBLEZ VOS FILES PAR TESTE ET PAR QVEVE.

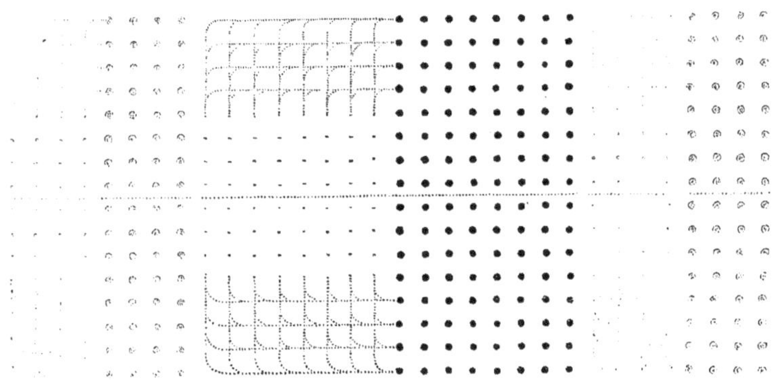

DEMY-RANG, A GAVCHE , REMETTEZ VOS FILES.

avant que doubler , & qu'àlors , ceux qui ont doublé à la teste , faffent encore à gauche , & ceux qui ont doublé à la queuë , faffent à droiet, & qu'ils marchent tous jufqu'à leurs places ; où eftans , ceux qui ont doublé à la teste , feront demy - tour à droiet , & feront remis.

Pour doubler les files à gauche , par demy - rang , par teste & par queuë , il faut que le demy - rang de main droicte foit partagé au demy - file, comme monftre en cette figure , la ligne droicte poinctée ; & que depuis le demy - file jufqu'au ferre - file , ils faffent demy tour à gauche ; puis tout le demy - rang de main droicte marchera , comme il a efté dit en la figure precedente , excepté qu'il faut que ceux qui marchent à la queuë , faffent à droiet ; & apres avoir pris leurs places , à la teste & à la queuë , qu'ils faffent tous à droiet , à fin de n'avoir qu'un mefme front.

Pour fe remettre , ceux qui ont doublé feront à droiet , & marcheront jufqu'à ce qu'ils foient au droiet des places où ils veulent aller , &

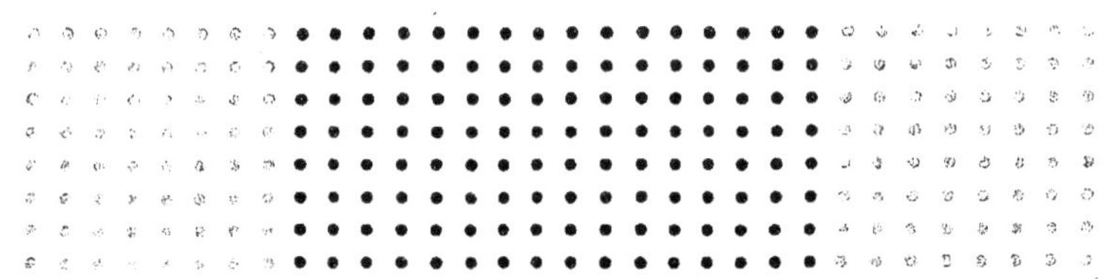

METTEZ VOS PIQVES EN TERRE.

CEVX QVI N'ONT PAS DOVBLE', HAVT LA PIQVE.

Avertiſſez le demy-rang, pour doubler les files à gauche, par teſte & par queuë.

Demy-rang, qui doit doubler les files à gauche, par teſte & par queuë, prenez garde à vous.

A GAVCHE, PAR DEMY-RANG, DOVBLEZ VOS FILES, PAR TESTE ET PAR QVEVE.

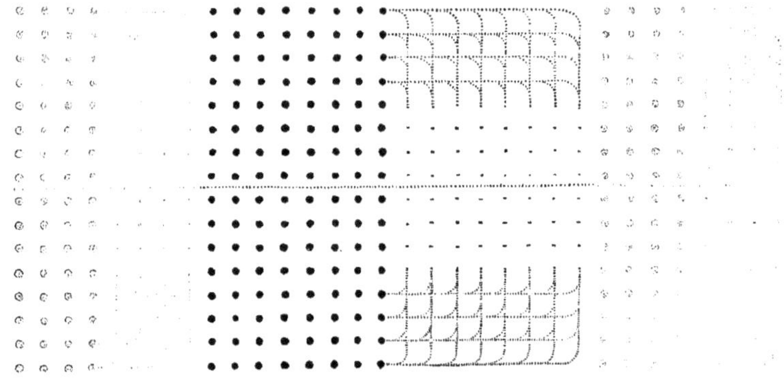

DEMY-RANG, A DROICT, REMETTEZ VOS FILES.

à lors ceux qui ont doublé à la teste , feront encore à droict ; & ceux qui ont doublé à la queuë , feront à gauche , & retourneront en leurs places , où ceux de la teste , feront demy-tour à gauche , pour estre remis.

Pour doubler les files par quarts de rangs , à droict , par teste & par queuë , il faut observer tout ce qui a esté dit en l'expliquation de la figure de la page 181 ; où nous avons enseigné à doubler à droict , par demy-rang.

Pour se remettre , on observera pareillement ce qui a esté dit en la mesme page 181.

Quarts de rangs qui doivent

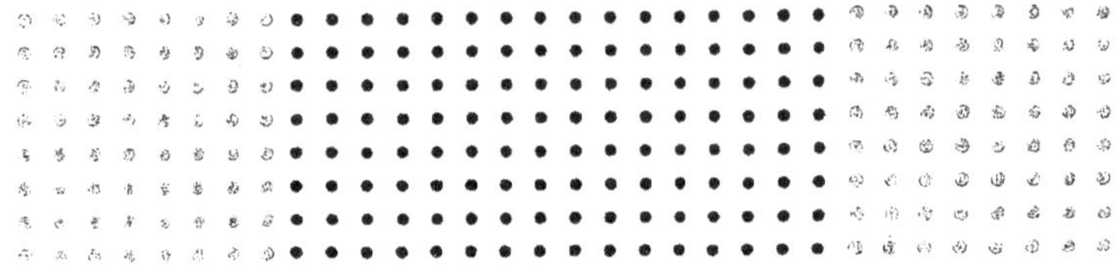

METTEZ VOS PIQVES EN TERRE.

Avertiſſez les quarts de rangs, pour doubler les files à droiĉt, par teſte & par queuë.

HAVT LA PIQVE, QVARTS DE RANGS, QVI DOIVENT DOVBLER A DROICT, PAR TESTE ET PAR QVEVE.

Quarts de rangs, prenez garde à vous.

A DROICT, PAR QVARTS DE RANGS, DOVBLEZ VOS FILES, PAR TESTE ET PAR QVEVE.

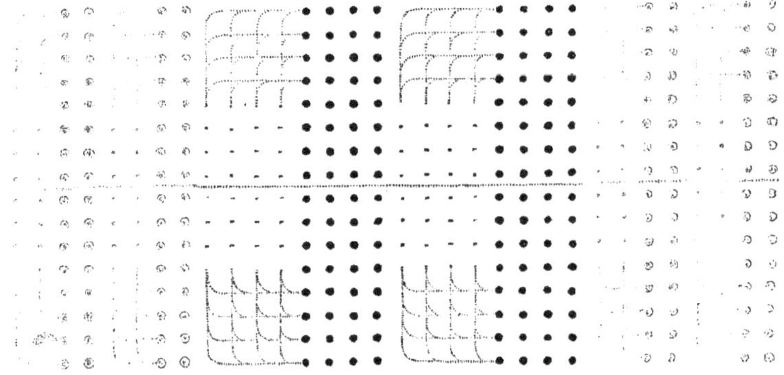

QVARTS DE RANGS, A GAVCHE, REMETTEZ VOS FILES.

A a

Pour doubler les files par quarts de rangs , à gauche , par tefte &
par queuë , on obfervera ce qui a efté dit en l'expliquation de la figure
de la page 183. où nous avons enfeigné comme il faut doubler à gauche par demy - rang.

Pour fe remettre, on fe fouviendra de ce que nous avons dit en l'expliquation de la mefme page 183.

METTEZ VOS PIQVES EN TERRE.

CEVX QVI N'ONT PAS DOVBLE', HAVT LA PIQVE.

Avertiſſez les quarts de rangs, pour doubler les files à gauche, par teſte & par queuë.

Quarts de rangs, qui doivent doubler les files à gauche, par teſte & par queuë, prenez garde à vous.

A GAVCHE, PAR QVARTS DE RANGS, DOVBLEZ VOS FILES, PAR TESTE ET PAR QVEVE.

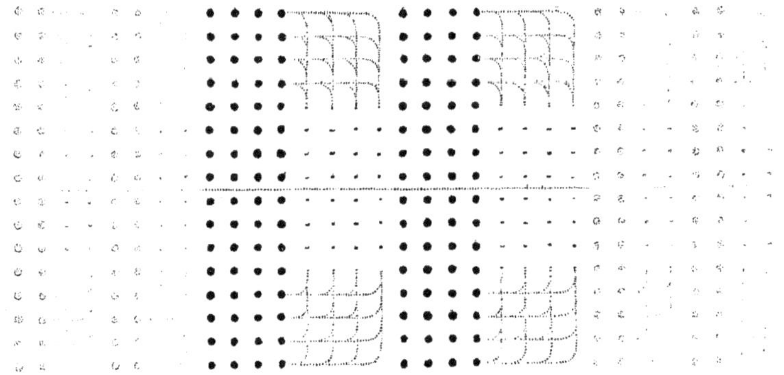

QVARTS DE RANGS, A DROICT, REMETTEZ VOS FILES.

Pour doubler les files à droiȼt & à gauche , par quarts de rangs du milieu , fur les quarts de rangs des aifles , par tefte & par queuë , il faut que les deux quarts de rangs du milieu faffent demy - tour à droiȼt, depuis le demy - file en bas ; puis qu'ils marchent jufqu'à ce qu'ils foient hors des quarts de rangs des aifles ; apres quoy , la moitié de ceux qui auront marché fera à droiȼt , & l'autre moitié à gauche ; & de là iront doubler à la tefte & à la queuë des quarts de rangs des aifles ; Mais il faut que ceux qui auront fait à droiȼt, pour doubler à la tefte , faffent à gauche , & ceux qui auront fait à gauche faffent à droiȼt ; & que ceux qui auront fait à droiȼt , pour doubler à la queuë, faffent encore à droiȼt, & ceux qui auront fait à gauche , faffent à gauche , à fin de faire tous un mefme front.

Pour fe remettre , il faut que le quart de rang du milieu qui a doublé à la tefte & à la queuë du quart de rang de l'aifle de main gauche, faffe à droiȼt ; & que celuy qui a doublé à la tefte & à la queuë du quart de rang de l'aifle de main droiȼte , faffe à gauche ; & qu'ils marchent tant qu'ils foient hors des quarts de rangs des aifles ; où ceux de

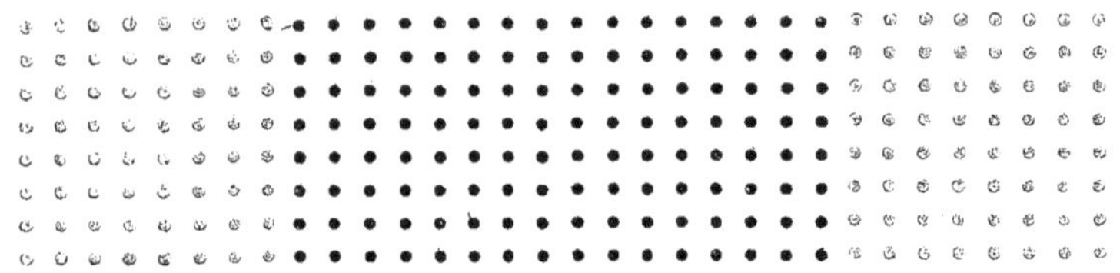

METTEZ VOS PIQVES EN TERRE.

Avertiſſez les quarts de rangs du milieu, pour doubler les files ſur les quarts de rangs des aiſles , par teſte & par queuë.

HAVT LA PIQVE, QVARTS DE RANGS DV MILIEV.

Quarts de rangs du milieu, qui doivent doubler les files, ſur les quarts de rangs des aiſles , par teſte & par queuë , prenez garde à vous.

A DROICT ET A GAVCHE , PAR QVARTS DE RANGS DV MILIEV , DOVBLEZ VOS FILES , SVR LES QVARTS DE RANGS DES AISLES , PAR TESTE ET PAR QVEVE.

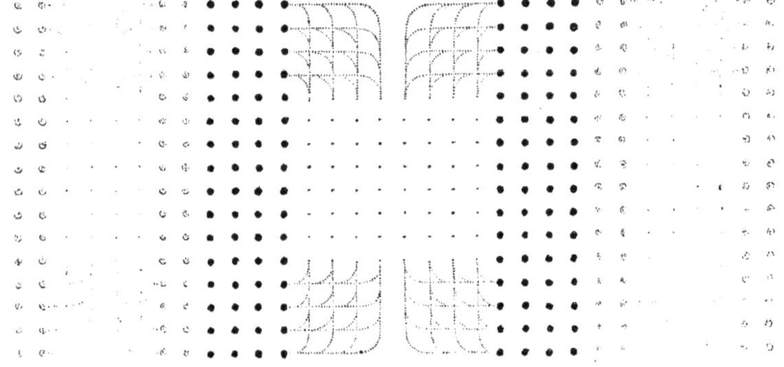

QVARTS DE RANGS DV MILIEV, A DROICT ET A GAVCHE, REMETTEZ VOS FILES.

A a iij

la tefte qui auront fait à droict, feront encore à droict ; & ceux qui auront fait à gauche, feront à gauche : & ceux de la queuë qui auront fait à droict, feront à gauche, & ceux qui auront fait à gauche, feront à droict ; puis ils marcheront en leurs places ; où eftans, ceux de la tefte feront encore demy-tour à droict, pour eftre remis.

Pour doubler les files, à droict & à gauche, par quarts de rangs des aifles, fur les quarts de rangs du milieu, par tefte & par queuë, il faut que les deux quarts de rangs des aifles faffent demy-tour à droict, depuis le demy-file en bas ; puis qu'ils marchent jufque à ce qu'ils foient un pas plus avancez que les quarts de rangs du milieu ; apres quoy, la partie du quart de rang de l'aifle droicte qui aura marché à la tefte, fera à gauche, & l'autre partie qui aura marché à la queuë, fera à droict ; & la partie de l'aifle gauche qui aura marché à la tefte, fera à droict, & celle qui aura matché à la queuë, fera à gauche ; & de là iront doubler à la tefte & à la queuë des quarts de rangs du milieu : Mais il faut que ceux qui auront fait à droict, pour doubler à la tefte, faffent à gauche ; & ceux qui auront fait à gauche faffent à droict ; & que ceux qui auront fait à droict, pour doubler à la queuë, faffent encore à droict, & ceux qui auront fait à gauche, faffent à gauche, à fin de faire tous un mefme front.

Pour fe remettre, le quart de rang de main droicte, fera à droict, & le quart de rang de main gauche, fera à gauche, & marcheront

METTEZ VOS PIQVES EN TERRE.
CEVX QVI N'ONT PAS DOVBLE', HAVT LA PIQVE.

Avertiſſez les quarts de rangs des aiſles , pour doubler les files ſur les quarts de rangs du milieu, par teſte & par queuë.

Quarts de rangs des aiſles, qui doivent doubler les files , ſur les quarts de rangs du milieu , par teſte & par queuë , prenez garde à vous.

A DROICT ET A GAVCHE , PAR QVARTS DE RANGS DES AISLES, DOVBLEZ VOS FILES , SVR LES QVARTS DE RANGS DV MILIEV , PAR TESTE ET PAR QVEVE.

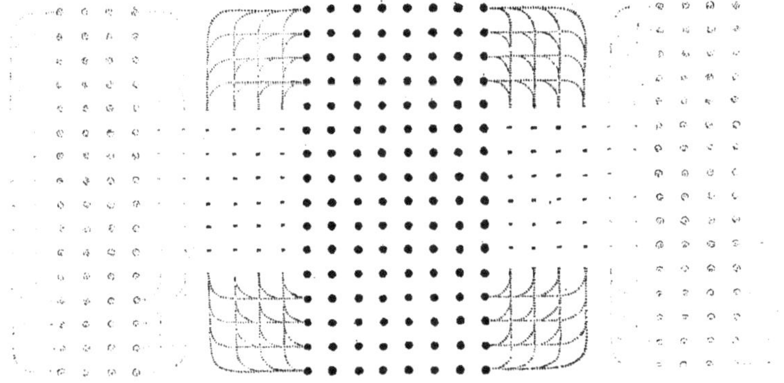

QVARTS DE RANGS DES AISLES, A DROICT ET A GAVCHE, REMETTEZ VOS FILES.

juſqu'au droiɕt de leur terrain ; puis la partie du quart de rang de l'aiſle
droiɕte, qui avoit doublé à la teſte, fera à droiɕt ; & l'autre partie qui
avoit doublé à la queuë , fera à gauche : & la partie du quart de rang
de l'aiſle gauche, qui avoit doublé à la teſte , fera à gauche ; & l'autre
partie qui avoit doublé à la queuë , fera à droiɕt ; & de là marcheront en leurs places ; où eſtans, ceux qui avoient doublé à la teſte , feront demy-tour à droiɕt pour eſtre remis.

Pour doubler les files à droiɕt, par demy-rang, dans le milieu, il faut
que le demy-rang de main droiɕte , faſſe demy-tour à droiɕt , depuis
le demy-file en bas ; & que tout le demy-rang marche juſqu'à ce qu'il
ſoit vn pas plus avancé que la teſte & la queuë du demy-rang de main
gauche ; où ceux qui auront fait demy-tour à droiɕt, feront encore
demy-tour à droiɕt : puis au meſme temps , le demy-rang de main
gauche fera à droiɕt , & marchera dans la place, que le demy-rang
de main droiɕte luy aura faite , comme on peut tres-bien voir par cette figure, où nous avons repreſenté le demy-rang de main gauche,
comme en marchant, & n'eſtant pas encore en la place qu'il doit occuper ; dans laquelle eſtant arrivé , il faudra qu'il faſſe à gauche, à fin que
tout le bataillon ſoit en vn meſme front.

Pour ſe remettre , ceux qui ont doublé feront encore à gauche , &
retourneront en leurs places, où ils feront à droiɕt ; & en meſme temps,

Avertiſſez le

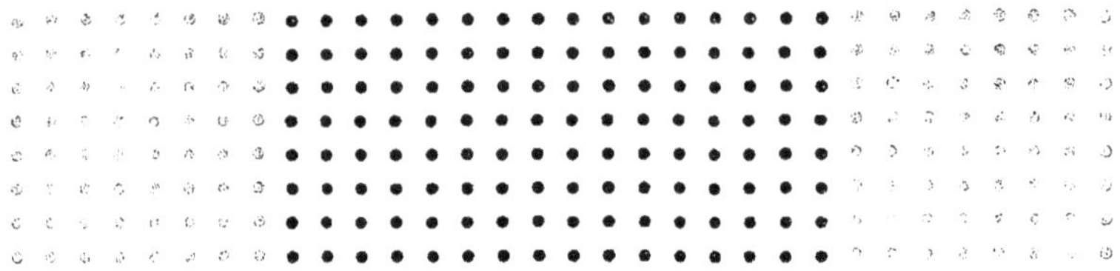

METTEZ VOS PIQVES EN TERRE.

Avertiſſez le demy-rang , pour doubler les files , à droict , dans le milieu.

HAVT LA PIQVE , TOVT LE MONDE.

DEMY-RANG DE MAIN DROICTE , OVVREZ-VOVS EN AVANT ET EN ARRIERE , PAR DEMY-FILE.

A DROICT , PAR DEMY-RANG , DOVBLEZ VOS FILES DANS LE MILIEV.

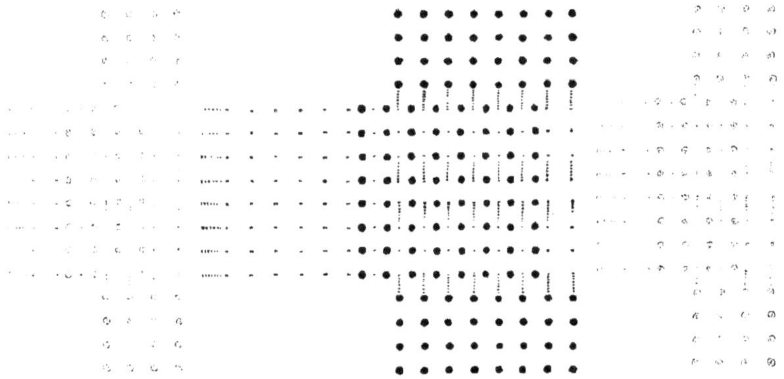

DEMY-RANG, A GAVCHE, REMETTEZ VOS FILES.

les Chefs de files du demy-rang de main droicte, feront demy-tour à droict; & tant eux, que la demy-file, retourneront pareillement en leurs places; où ceux qui auront fait demy-tour à droict, feront encore demy tour à droict, & feront remis.

Pour doubler les files à gauche, par demy-rang, dans le milieu, on obfervera ce qui a efté enfeigné en la figure precedente; excepté qu'il faut que ce foit le demy-rang de main gauche, qui s'ouvre au demy-file; & que le demy-rang de main droicte, faffe à gauche, pour marcher, & apres avoir doublé, qu'il faffe à droict.

Pour fe remettre, il faut que ceux qui ont doublé faffent à droict, & eftans retournez en leurs places, qu'ils faffent à gauche; & qu'au mefme temps, le demy-rang de main gauche fe referme, comme a fait le demy-rang de main droicte, en la page precedente.

Avertissez le demy-rang pour doubler les files à gauche dans le milieu.

Demy-rang qui doit doubler les files à gauche dans le milieu, prenez garde à vous.

DEMY-RANG DE MAIN GAVCHE, OVVREZ VOVS EN AVANT ET EN ARRIERE PAR DEMY-FILE.

A GAVCHE, PAR DEMY-RANG, DOVBLEZ VOS FILES DANS LE MILIEV.

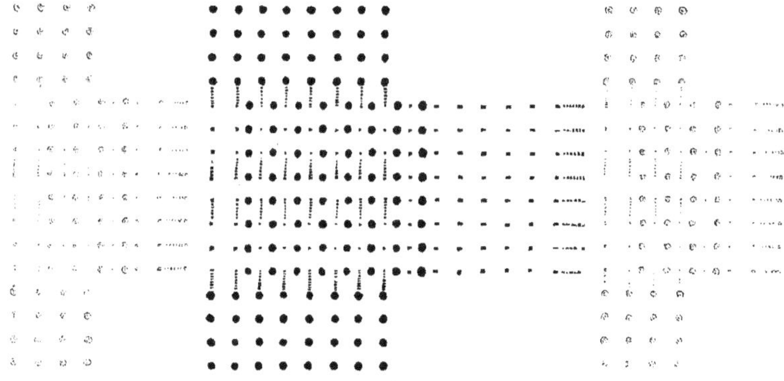

DEMY-RANG, A DROICT REMETTEZ VOS FILES.

Pour doubler les files à droiƈt par quarts de rangs, dans le milieu, il faut faire ouvrir les quarts de rangs de main droiƈte, en avant & en arriere, comme nous avons enseigné pour faire doubler à droiƈt, par demy-rangs ; puis aussi-tost que les quarts de rangs de main droiƈte seront ouverts, les quarts de rangs de main gauche feront à droiƈt, & marcheront dans les places que les quarts de rangs de main droiƈte leur auront faite ; ou estans, ils feront à gauche, pour faire tous un mesme front.

Pour se remettre, ceux qui ont doublé feront encore à gauche, & retourneront en leurs places, où ils feront à droiƈt ; & les quarts de rangs de main droiƈte, se refermeront, comme ont fait les demy-rangs en la figure de la page 193.

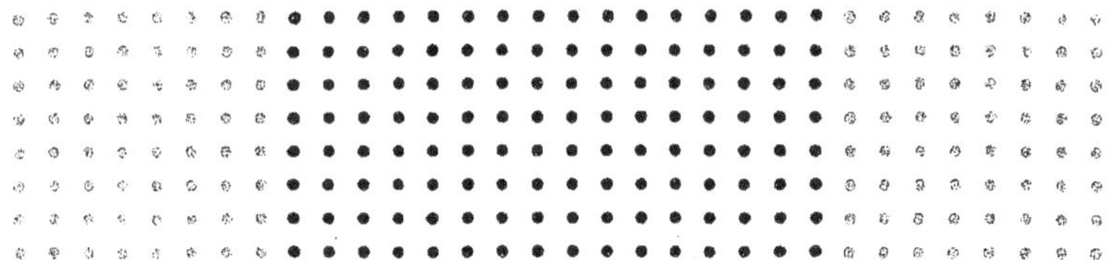

Avertiſſez les quarts de rangs, pour doubler les files à droict, dans le milieu.

Quarts de rangs, qui doivent doubler les files à droict dans le milieu, prenez garde à vous.

QVARTS DE RANGS DE MAIN DROICTE, OVVREZ VOVS EN AVANT ET EN ARRIERE, PAR DEMY-FILE.

A DROICT, PAR QVARTS DE RANGS, DOVBLEZ VOS FILES DANS LE MILIEV.

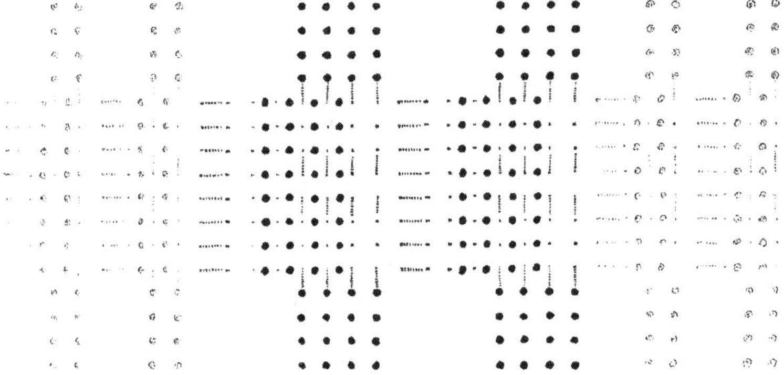

QVARTS DE RANGS, A GAVCHE, REMETTEZ VOS FILES.

Bb iij

Pour doubler les files , à gauche , par quarts de rangs , dans le milieu , on obfervera ce qui a efté dit en la figure precedente ; excepté
qu'au lieu de faire ouvrir les quarts de rangs de main droiéte , il faut
que ce foit ceux de main gauche qui s'ouvrent ; & que ceux de main
droiéte , faffent à gauche , avant que marcher ; & à droiét , quand ils
auront doublé.

Pour fe remettre , ceux qui ont doublé , feront à droiét , & retourneront en leurs places ; en fuite de quoy , les quarts de rangs de main
gauche fe refermeront ; & le Bataillon fera remis comme monftre la
figure d'en haut de la page 199. que nous expliquons.

Avertissez les quarts de rangs, pour doubler les files à gauche, dans le milieu.

Quarts de rangs, qui doivent doubler les files à gauche, dans le milieu, prenez garde à vous.

QVARTS DE RANGS DE MAIN GAVCHE, OVVREZ VOVS EN AVANT ET EN ARRIERE, PAR DEMY-FILE.

A GAVCHE, PAR QVARTS DE RANGS, DOV-BLEZ VOS FILES DANS LE MILIEV.

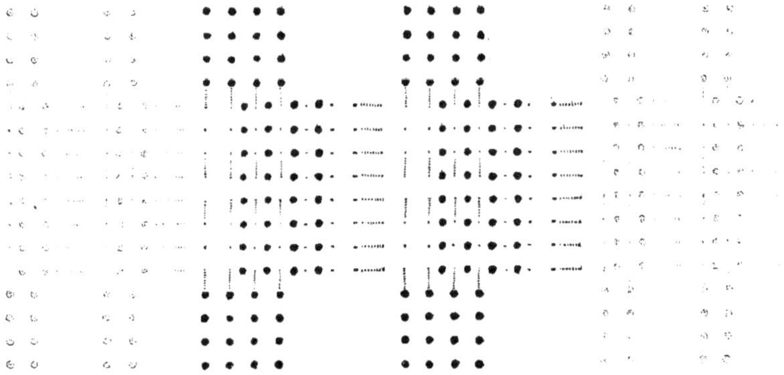

QVARTS DE RANGS, A DROICT, REMETTEZ VOS FILES.

Pour faire ouvrir les quarts de rangs des aiſles, en avant & en arriere, par demy-file, & par ſerre demy-file, il faut qu'ils faſſent demy-tour à droiĉt, depuis le demy-file en bas ; puis qu'ils marchent, tant que le ſerre demy-file, & le demy-file, ſoient un pas plus avancez que les quarts de rangs du milieu ; apres quoy, ceux qui ont fait demy-tour à droiĉt, feront encore demy-tour à droiĉt.

Cependant que les quarts de rangs des aiſles s'ouvrent, comme il eſt dit cy-deſſus, il faut partager les quarts de rangs du milieu, au demy-rang, & que le quart de rang de main droiĉte, faſſe à droiĉt ; & celuy de main gauche, faſſe à gauche ; & les faire marcher dans les places qui leur ont eſté faites au milieu des quarts de rangs des aiſles ; où eſtans, celuy qui a fait à droiĉt, fera à gauche ; & celuy qui a fait à gauche, fera à droiĉt, à fin que tout le Bataillon aye un meſme front.

Pour ſe remettre, le quart de rang qui a doublé à droiĉt, fera à gauche ; & celuy qui a doublé à gauche, fera à droiĉt, & retourneront en leurs places ; où celuy qui aura fait à droiĉt, fera à gauche, & celuy qui aura fait à gauche, fera à droiĉt : Et au meſme temps, les quarts de rangs des aiſles, feront demy-tour à droiĉt, depuis le Chef de file, juſqu'au ſerre demy-file ; puis ils ſe reſſerreront, comme ils eſtoient avant que de s'ouvrir ; apres quoy, ceux qui auront fait demy-tour à droiĉt, feront encore demy-tour à droiĉt ; & ſeront remis comme eſt la figure d'en haut, en la page 199.

QVARTS DE RANGS DES AISLES, OVVREZ VOVS EN AVANT ET EN ARRIERE, PAR DEMY-FILE ET PAR SERRE DEMY-FILE.

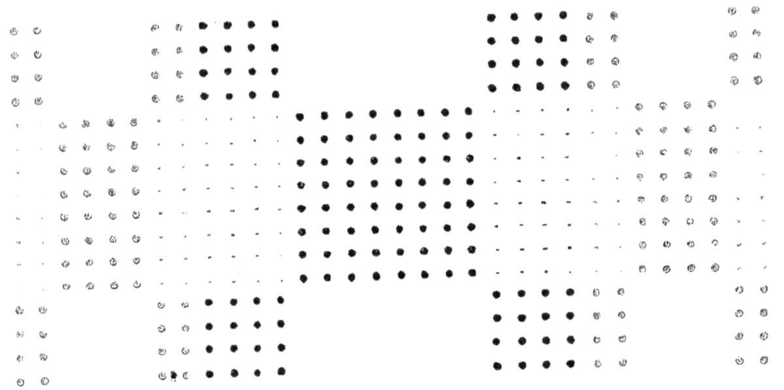

QVARTS DE RANGS DV MILIEV, A DROICT ET A GAVCHE, DOVBLEZ VOS FILES DANS LE MI-LIEV DES QVARTS DE RANGS DES AISLES.

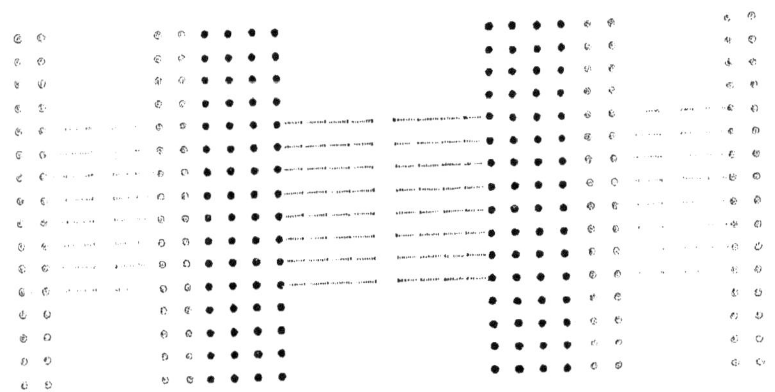

QVARTS DE RANGS DV MILIEV, A DROICT ET A GAVCHE REMETTEZ VOS FILES.

Pour ouvrir les quarts de rangs du milieu, en avant & en arriere par demy-file & par ferre demy-file, il faut qu'ils faffent demy tour à droict, depuis le demy-file en bas ; puis qu'ils marchent, tant que le demy-file & le ferre demy-file foient un pas plus avancez que les quarts de rangs des aifles, comme ont fait les quarts de rangs des aifles, en la figure precedente ; apres quoy, ceux qui auront fait demy tour à droict feront encore demy tour à droict.

Au mefme temps que les quarts de rangs du milieu s'ouvriront, comme il eft monftré par la figure cy-deffus ; il faut que le quart de rang de l'aifle de main droicte faffe à gauche, & celuy de main gauche faffe à droict ; & qu'ils marchent au milieu des quarts de rangs du milieu ; où eftans, celuy de main droicte fera à droict ; & celuy de main gauche, à gauche, à fin qu'ils faffent tous un mefme front.

Pour fe remettre, celuy de main droicte fera encore à droict, & celuy de main gauche à gauche, & retourneront en leurs places ; où celuy de main gauche fera à droict, & celuy de main droicte fera à

Avertiſſez les quarts de rangs des aiſles pour doubler les files dans
le milieu des quarts de rangs du milieu.

QVARTS DE RANGS DV MILIEV, OVVREZ VOVS EN AVANT ET EN ARRIERE PAR DEMY-FILE, ET PAR SERRE DEMY-FILE.

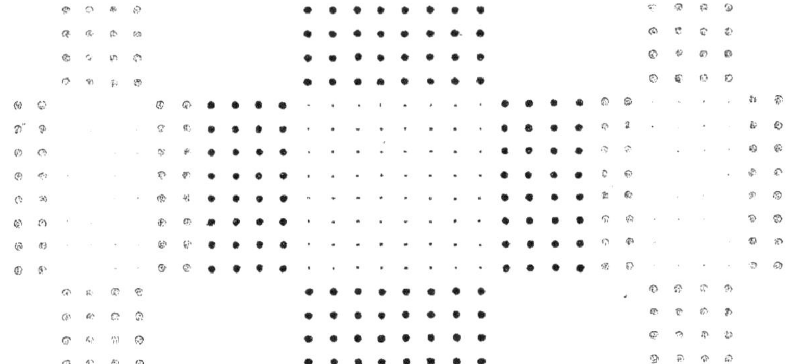

QVARTS DE RANGS DES AISLES, A DROICT ET A GAVCHE, DOVBLEZ VOS FILES DANS LE MI-LIEV DES QVARTS DE RANGS DV MILIEV.

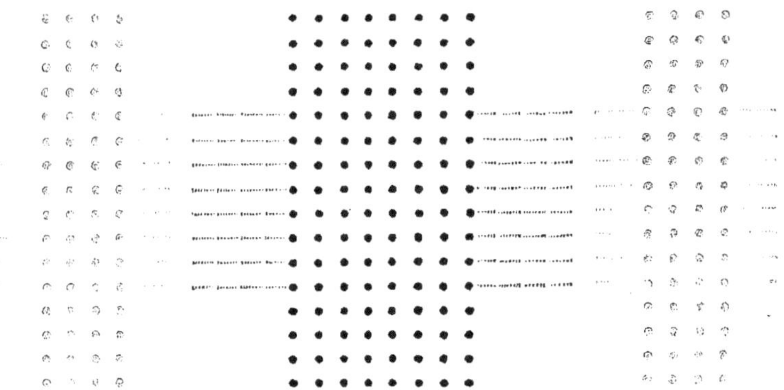

QVARTS DE RANGS DES AISLES, A DROICT ET A GAVCHE REMETTEZ VOS FILES.

gauche ; Et ce-pendant , les quarts de rangs du milieu ayant fait demy tour à droiᶜᵗ, depuis le Chef de file jufqu’au Serre demy-file, marcheront auffi jufqu’à leurs places ; où ceux qui auront fait demy tour
à droiᶜᵗ, feront encore demy tour à droiᶜᵗ, pour eftre remis comme
monftre cette figure .

Pour remettre le Bataillon en fa premiere diftance, on fera faire à la
demy-file, demy tour à droiᶜᵗ ; puis on fera marcher tout le monde ,
jufqu’à ce que le Bataillon occupe fon premier terrain ; apres-quoy on
fera faire demy tour à droiᶜᵗ , à ceux qui auront fait demy tour à
droiᶜᵗ, à fin que le Bataillon foit à fon premier front .

DEMY-FILE, DEMY TOVR A DROICT.

MARCHEZ, TOVT LE MONDE, IVSQV'A VOS PREMIERES DISTANCES.

CEVX QVI ONT FAICT DEMY TOVR A DROICT, DEMY TOVR A DROICT.

Avertissez pour faire la Contremarche par files.

Le Bataillon eſtant remis en ſes premieres diſtances, & le commandement de faire la Contremarche par files eſtant fait, il faut que tout
le Bataillon, partant du pied gauche, marche en avant ; & le premier
rang ayant avancé trois grands pas, fera demy tour à droict, & conti-
nura de marcher par les intervales des rangs, ce-pendant que le ſecond
rang marchera juſqu’où le premier a fait demy tour à droict, où eſtant
arrivé il fera auſſi demy tour à droict, & ſuivra le premier ; puis le
trois-ieſme, & tous les autres rangs du Bataillon, ſuivant le meſme
ordre, il ſe trouvera qu’à lors le premier rang ſera arrivé en la place où
eſtoit le dernier, & que le dernier ſera arrivé en la place du premier ;
& c’eſt ce qu’on appelle avoir fait la Contremarche par files.

Pour faire la Contremarche par files, à gauche, il ne faut qu’obſerver ce qui a eſté dit cy-deſſus, exepté qu’au lieu de faire demy tour à
droict, il faut faire demy tour à gauche.

Cette Contremarche eſt utile quand un Bataillon, dans un lieu fort
eſtroit, eſt attaqué en queuë, & que celuy qui commande veut changer la face de ſon Bataillon, & avoir les hommes de la teſte, à la
queuë, le lieu ne luy permettant pas de faire la Converſion.

A DROICT, PAR FILES, FAITES LA CON-
TREMARCHE.   MARCHE.

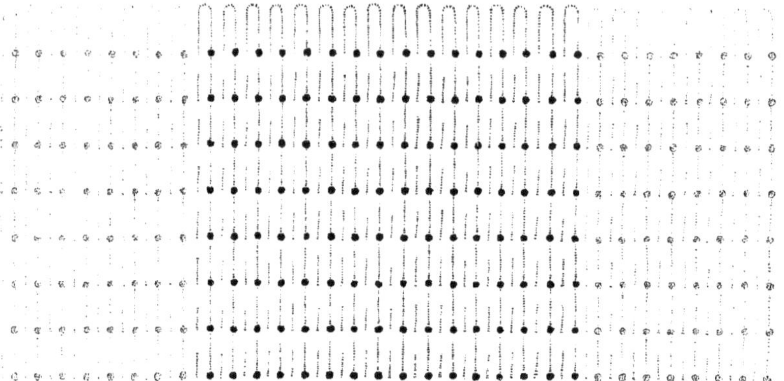

ALTE, LA TESTE.

A GAVCHE, PAR FILES, FAITES LA CON-
TREMARCHE.   MARCHE.

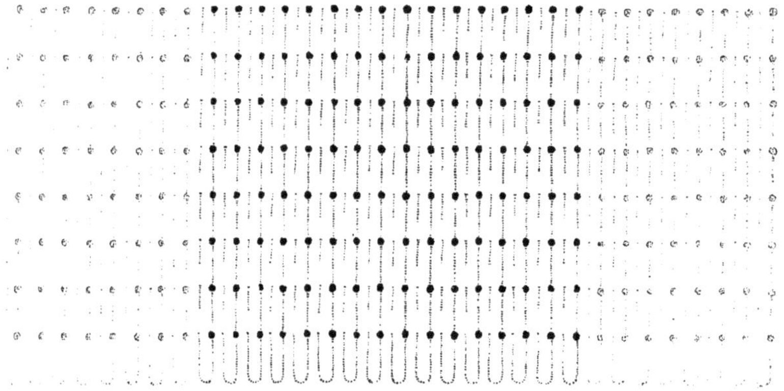

ALTE, LA TESTE.

Avertissez pour faire la Contremarche en gagnant le terrain.

Pour faire cette Contremarche, il faut, apres que le premier rang
aura fait demy-tour à droict, comme il luy eſt commandé ; que tous
les autres rangs du Bataillon marchent en avant, par les intervales du
rang qui a fait demy-tour à droict ; & quand le ſecond rang aura paſſé le premier, d'une diſtance egale à celle qui eſtoit entr'eux avant qu'il
fuſt party de ſur ſon terrain, à lors il fera demy-tour à droict, comme
a fait le premier ; & tous les autres rangs ayans en ſuite fait la meſme
choſe, juſqu'au Serre-file, ils auront achevé la Contremarche à droict
en gagnant le terrain.

Prenez

PREMIER RANG, DEMY TOVR A DROICT.

PREMIER RANG, METTEZ LA PIQVE EN TERRE.

A DROICT, LA CONTREMARCHE EN GAGNANT
LE TERRAIN.   MARCHE.

ALTE, LA TESTE.

Cette Contremarche à gauche en gagnant le terrain, n'eſt differente
de la precedente, qu'en ce qu'il faut faire demy tour à gauche, au lieu
qu'en l'autre on a faict demy tour à droict.

PREMIER RANG, DEMY TOVR A GAVCHE.

PREMIER RANG, METTEZ LA PIQVE EN TERRE.

A GAVCHE, LA CONTREMARCHE EN GAGNANT
LE TERRAIN.   MARCHE.

ALTE, LA TESTE.

Avertiſſez pour faire la Contremarche la file apres ſoy.

Pour faire la Contremarche la file apres foy, c'eft à dire en quitant le terrain, il faut que tous les Piquiers ayent la pique en terre ; & apres que le commandement de faire la Contremarche la file apres foy, fera faiét, que le premier rang faffe haut la pique, en faifant demy tour à droiét, mais gravement, & fans fe hafter ; puis qu'il marche à petits pas, par les intervales des rangs du Bataillon, qui ce-pendant doit de-meurer ferme fur fon terrain ; & faut que châque homme de ce premier rang laiffe le refte de fa file à fa main droiéte ; & quand le fecond rang fe verra entierement paffé par le premier, il fera pareillement haut la pique, & demy tour à droiét & fuivra le premier rang ; puis le troisiefme fe voyant auffi paffé par le fecond, fera comme luy haut la pique & demy tour à droiét, & fuivra encore les deux premiers ; & tous les autres rangs marcheront ainfi, l'un apres l'autre, jufqu'au ferre file, qui, lors que tous les autres l'auront paffé, fera feulement demy tour à droiét fans bouger de fa place.

Prenez garde à vous pour faire la Contremarche la file apres foy, &
faictes haut la pique, rang par rang, en tournant ; & foudain eftre arrivez à voftre place, mettez la pique en terre ; & faictes la mefme chofe
toutes les fois que vous ferez cette Contremarche.

A DROICT, LA CONTREMARCHE, LA FILE APRES SOY.   MARCHE.

ALTE, LA TESTE.

Pour faire cette Contremarche à gauche la file apres foy, on obſervera tout ce que nous avons enſeigné en la precedente figure ; exepté
qu'on fera demy tour à gauche.

A GAVCHE, LA CONTREMARCHE, LA FILE APRES SOY.   MARCHE.

ALTE, LA TESTE.

Avertissez pour faire la Contremarche par Demy-file, & par Serre demy-file.

Prenez garde à vous pour faire la Contremarche par Demy-file, & par Serre demy-file.

HAVT LA PIQVE, TOVT LE MONDE.

PORTEZ VOS ARMES, MOVSQVETAIRES.

Pour faire la Contremarche, à droiĉt, par Demy-file, & par Serre demy-file, il faut que tout le monde ayant fait haut la pique, on faſſe faire demy tour à droiĉt, depuis le Chef de file juſqu'au Serre demy-file ; puis, ſans changer de terrain, le Serre demy-file & le Demy-file feront encore demy tour à droiĉt, & marcheront par les intervales des rangs : mais auſſi-toſt qu'ils auront commencé à marcher, il faudra que les deux rangs les plus proches d'eux, à ſçavoir celuy qui eſt au-deſſus du Serre demy-file, & celuy qui eſt apres le Demy-file, mar-chent juſqu'à la place où eſtoient le Serre demy-file, & le Demy-file ; où eſtans, ils feront pareillement demy tour à droiĉt, & ſuivront les deux qui ont marché les premiers ; puis tous les autres rangs ſuivant ce meſme ordre, il ſe trouvera que lors que le Serre demy-file ſera arrivé en la place du Chef de file, que le Chef de file ſera en celle du Serre demy-file ; & quand le Demy-file ſera au ſerre-file, le Serre-file ſera en la place du Demy-file ; & les autres rangs feront pareille-ment en la place l'un de l'autre, qui eſt faire la Contremarche par De-my-file & par Serre demy-file.

Si l'on veut faire remettre le Bataillon, on fera faire la Contremar-che par Chefs de files, & par Serre-files, qui ſe trouvent à preſent au milieu ; & la Contremarche eſtant faiĉte, le Bataillon ſera remis.

Pour faire la Contremarche à gauche, par Demy-file, & par Serre demy-file, on obſervera ce qui a eſté dit cy-deſſus ; exepté qu'au lieu de faire demy tour à droiĉt, il faut faire demy tour à gauche.

Et pour remettre le Bataillon, on fera pareillement faire la Contre-marche par Chefs de files, & par Serre-files.

CHEFS

CHEFS DE FILES, DEMY TOVR A DROICT.

A DROICT, PAR DEMY-FILE ET PAR SERRE DEMY-FILE FAICTES LA CONTREMARCHE.
MARCHE.

ALTE, LA TESTE.

A GAVCHE, PAR DEMY-FILE ET PAR SERRE DEMY-FILE, FAICTES LA CONTREMARCHE.   MARCHE.

ALTE, LA TESTE.

Avertiffez pour faire la Contremarche par quarts de files.

Prenez garde à vous pour faire la Contremarche par quarts de files.

Ee

Pour faire la Contremarche à droiƈt, par quarts de files, il faut obferver, pour la marche, ce qui a efté dit en l'expliquation des figures precedentes, où nous avons enfeigné à faire la Contremarche par Demy-file & par Serre demy-file ; & que châque quart de file faſſe la Contremarche en foy mefme, comme il eſt marqué par cefte figure.

Si le Bataillon faiƈt encore une fois la Contremarche par quarts de files, il fe trouvera remis comme il eſtoit auparavant.

Pour faire cette Contremarche à gauche, par quarts de files, & pour faire remettre le Bataillon, il faut obferver tout ce qui a efté dit cy-deſſus, exepté qu'on fera le demy tour à gauche.

A DROICT, PAR QVARTS DE FILES, FAICTES LA CONTREMARCHE.   MARCHE.

ALTE, LA TESTE.

A GAVCHE, PAR QVARTS DE FILES, FAICTES LA CONTREMARCHE.   MARCHE.

ALTE, LA TESTE.

Avertiſſez pour faire la Contremarche par rangs.

Prenez garde à vous, pour faire la Contremarche par rangs.

Pour faire la Contremarche à droiẽt, par rangs, il faut que tout le Bataillon faſſe à droiẽt; qu'en ſuite la file de main droiẽte faſſe demy tour à droiẽt, & qu'elle marche par les intervales des rangs ; que tout le reſte du Bataillon marche en avant d'un meſme temps ; & quand la ſeconde file de main droiẽte ſera arrivée à l'endroiẽt où la premiere a tourné, qu'elle tourne pareillement & la ſuive ; que la trois-ieſme, & toutes les autres files du Bataillon, eſtans arrivées au meſme endroiẽt, en faſſent de meſme, & s'entre-ſuivent par le meſme ordre ; & quand la premiere file qui a marché ſera arrivée en la place de la file de main gauche, celle-cy ſe trouvera eſtre en la place de celle de main droiẽte ; & ainſi des autres files du Bataillon, lequel aura faiẽt la Contremarche par rangs, eſtant toûjours demeuré ſur ſon meſme terrain ; mais il faut que le Bataillon faſſe à gauche, à fin qu'il ſoit remis ſur ſon premier front.

Pour faire cette Contremarche à gauche, il faut que tout le Bataillon faſſe à gauche, & qu'en ſuite on faſſe la meſme choſe qu'en la figure cy-deſſus ; exepté qu'il faut faire demy tour à gauche en partant ; puis quand la Contremarche ſera faiẽte, faire à droiẽt.

A DROICT, PAR RANGS, FAICTES LA CON-
  TREMARCHE.   MARCHE.

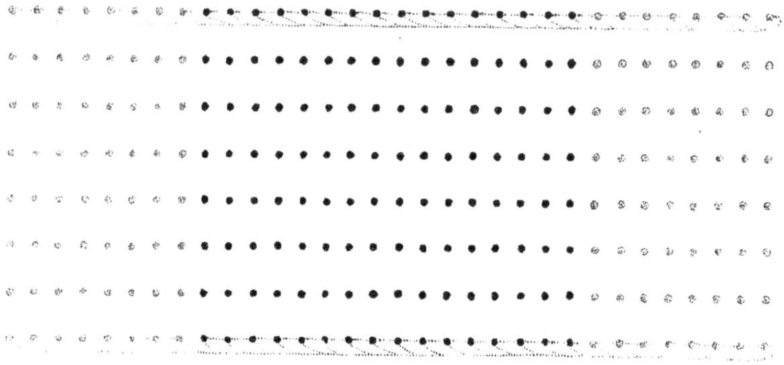

ALTE, LA TESTE.

A GAVCHE, PAR RANGS, FAICTES LA CON-
  TREMARCHE.   MARCHE.

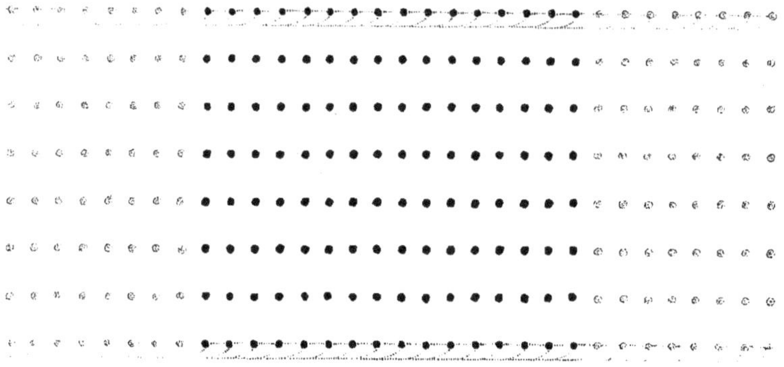

ALTE, LA TESTE.

Avertiffez pour faire la Contremarche par demy rangs.

Prenez garde à vous, pour faire la Contremarche par demy rangs.

Pour faire la Contremarche à droiƈt, par demy rangs, on obſervera ce que nous avons dit en la Contremarche par rangs; exepté qu'il faut que les demy rangs la faſſent entr'eux, comme il eſt monſtré par cette figure.

Cette Contremarche à gauche, par demy rangs, ſe faiƈt comme la Contremarche par rangs, excepté auſſi qu'il faut que les demy rangs la faſſent entr'eux.

A DROICT, PAR DEMY RANG, FAICTES LA
CONTREMARCHE.   MARCHE.

ALTE, LA TESTE.

A GAVCHE, PAR DEMY RANG, FAICTES LA
CONTREMARCHE.   MARCHE.

ALTE, LA TESTE.

Avertissez pour faire la Contremarche par quarts de rangs.

Prenez garde à vous, pour faire la Contremarche par quarts de rangs.

La Contremarche à droiƈt, par quarts de rangs, ſe faiƈt auſſi comme la Contremarche par rangs, la faiſant faire à châque quart de rang en ſoy meſme, comme nous avons enſeigné cy-devant.

Cette figure faiƈt aſſez bien connoiſtre comme il faut faire la Contremarche à gauche, par quarts de rangs ; outre qu'elle n'eſt differente de la Contremarche à droiƈt, qu'en ce qu'il faut que le Bataillon faſſe à gauche, & qu'il faſſe encore demy tour à gauche en partant ; puis apres avoir achevé la Contremarche, qu'il faſſe à droiƈt, pour eſtre remis ſur ſon premier front.

A DROICT

A DROICT, PAR QVARTS DE RANGS, FAICTES
LA CONTREMARCHE.   MARCHE.

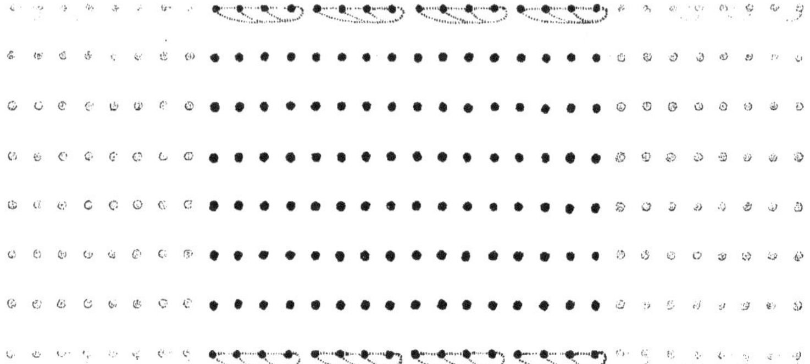

ALTE, LA TESTE.

A GAVCHE, PAR QVARTS DE RANGS, FAICTES
LA CONTREMARCHE.   MARCHE.

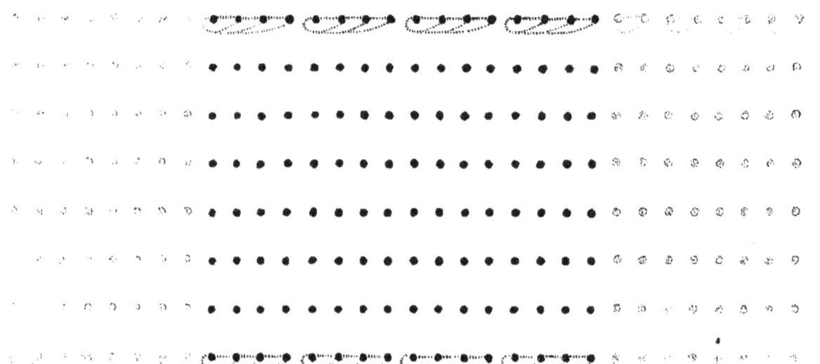

ALTE, LA TESTE.

Avertiſſez pour faire la Contremarche par rangs, en gagnant le terrain.

Prenez garde à vous, pour faire la Contremarche par rangs, en gagnant le terrain.

Ff

Pour faire la Contremarche à droict, par rangs, en gagnant le terrain, il faut que la premiere file qui est à main gauche faise à droict, & qu'elle marche par les intervales des rangs ; puis quand elle aura passé la seconde, celle-cy fera aussi à droict, sur son terrain, & la suivra ; & quand la trois-iesme file se verra passée par la seconde, elle fera pareillement à droict & suivra les deux premieres ; & toutes les autres files du Bataillon feront le semblable, jusqu'à la file de main droicte, laquelle fera seulement à droict en avançant un pas, comme monstre ceste figure ; puis tout le Bataillon fera à gauche, pour estre remis sur son premier front.

DE BATAILLE.

LA FILE DE MAIN DROICTE, A DROICT, ET METTEZ LA PIQVE EN TERR

A DROICT, PAR RANGS, FAICTES LA CONTREMARCHE EN GAGNANT
LE TERRAIN.   MARCHE.

ALTE, LA TESTE.

A GAVCHE, TOVT LE MONDE.

Pour faire la Contremarche à gauche, en gagnant le terrain, il faut
obferver la mefme chofe qu'en la figure precedente, excepté qu'il faut
commencer par l'aifle droicte, & tourner à gauche au lieu de droict.

LA FILE DE MAIN GAVCHE, A GAVCHE, ET METTEZ LA PIQVE EN TERRE.

A GAVCHE, PAR RANGS, FAICTES LA CONTREMARCHE EN GAGNANT
LE TERRAIN.   MARCHE.

ALTE, LA TESTE.

A DROICT, TOVT LE MONDE.

METTEZ VOS PIQVES EN TERRE.

Avertiſſez pour faire la Converſion.

HAVT LA PIQVE.

Prenez garde à vous, pour bien faire la Converſion.

Pour faire la Converſion à droict, il faut, ſur toutes choſes, que les rangs & les files ſoient bien droicts, & faire que les Soldats gardent bien leurs diſtances en marchant, & mettre au moins un Officier ou Sergent qui ſoit entendu, aupres du Chef de file de l'aiſle droicte, & un autre aupres de celuy de la gauche, avec des Sergens ſur les aiſles & à la queuë du Bataillon, pour faire marcher droict, & empeſcher que les rangs ni les files ſe ſeparent, mais qu'ils marchent toûjours dans leur meſme diſtance. Lors qu'on a commandé de marcher, l'aiſle gauche doit partir la premiere, & faire le tour qui eſt marqué par les grands quarts de cercles de ceſte figure, & faut qu'elle marche aſſez viſte, toute-fois ſans ſe rompre, ce-pendant que l'aiſle droicte ne fait que tourner comme monſtrent les petits quarts de cercles. Les petits poincts font voir où eſtoit le Bataillon avant qu'il euſt fait le quart de Converſion. Si celuy qui commande veut, il peut faire faire un tour de Converſion tout entier ſans ſe repoſer, obſervant le meſme ordre.

A DROICT, VN QVART DE CONVERSION.
MARCHE.

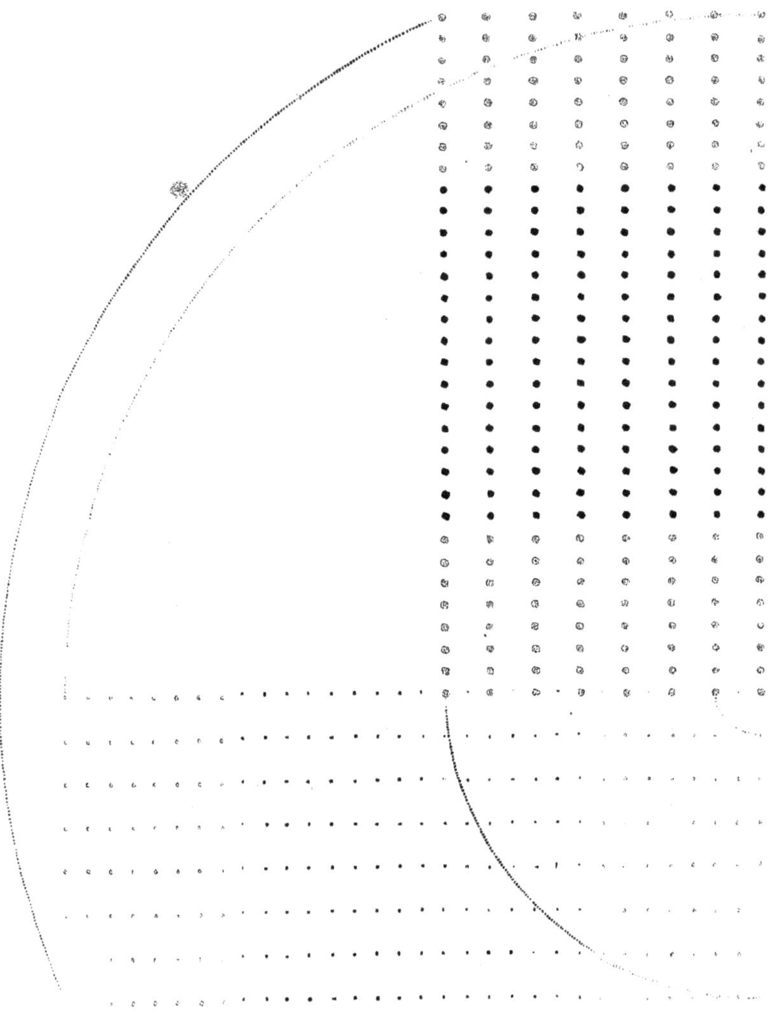

Pour faire la Converſion à gauche, il faut obſerver la meſme choſe qu'en la figure precedente, excepté qu'il faut que ce ſoit l'aiſle droiɗe qui parte la premiere & faſſe le grand tour, ce-pendant que l'aiſle gauche ne fait que tourner à l'entour du Chef de ſa premiere file.

Les Converſions ſont de toutes les Evolutions ou motions Militaires, celles qui ſont des plus utiles à la guerre ; c'eſt pourquoy lon ne s'y ſçauroit trop exercer.   Au combat de Veillanne que Monſieur de Montmorancy gagna, avecque l'Armée du Roy ; contre celles de l'Empereur, du Roy d'Eſpagne, & du Duc de Savoye, qui vindrent attaquer noſtre Arriere-garde ; un Bataillon des Gardes commandé par le Sieur de Maleiſſie, à preſent Gouverneur de Pignerol, fit un quart de Converſion, pour faire teſte aux Ennemis qui nous preſſoient ; & leur reſiſta tellement, que Monſieur de Montmorancy eut le temps d'y venir avec les Gen-d'armes du Roy, ceux de Monſieur, & ceux de Monſieur de Noüailles, leſquels battirent & chaſſerent les Ennemis.

Monſieur d'Efiat y mena auſſi les Chevaux-legers de la garde de ſa Majeſté, qui firent tres bien leur devoir.

A GAVCHE

A GAVCHE, VN QVART DE CONVERSION.
MARCHE.

Pour faire encore une fois un quart de Converſion à gauche, on obſervera tout ce qui a eſté enſeigné en la precedente figure.

Si maintenant on faiſoit encore deux fois un ſemblable quart de Converſion à gauche, ou bien qu'on fiſt tout à la fois un demy tour, le Bataillon ſe trouveroit remis ſur ſon premier front.

A GAVCHE, VN QVART DE CONVERSION.
MARCHE.

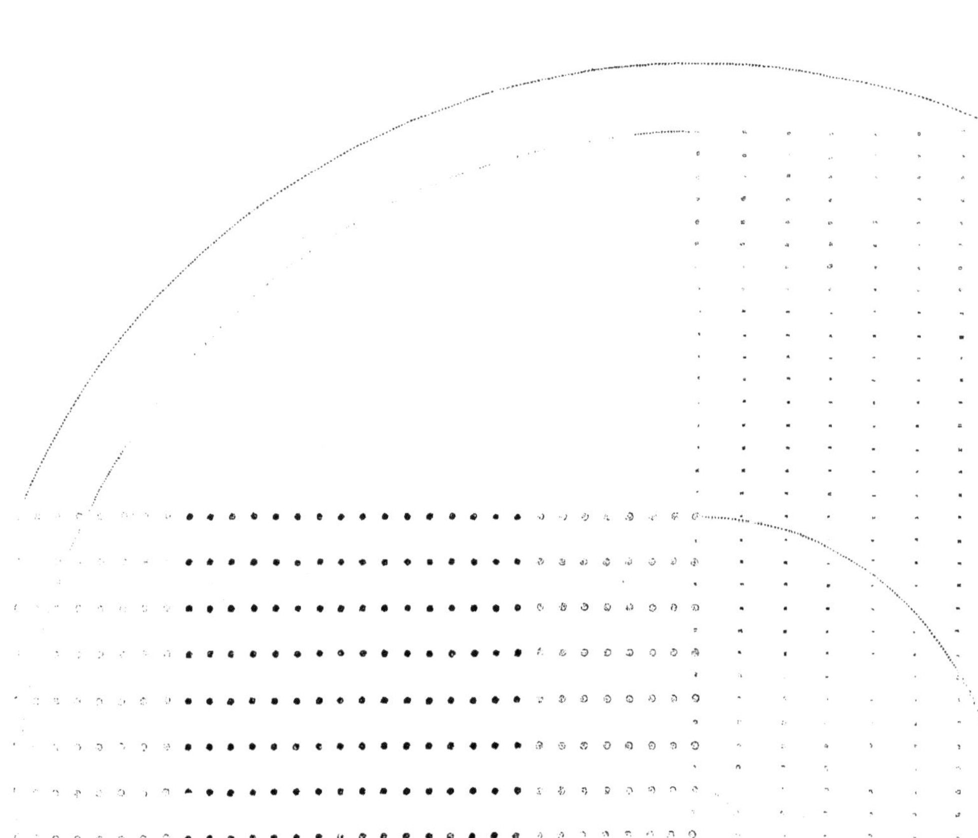

Ceſte figure eſt un Bataillon, qui ſe trouvant à l’entrée d’un pont ou quelqu’autre paſſage fort eſtroit, eſt obligé de le paſſer deux à deux.

Pour faire joindre les rangs de Mouſquetaires devant les Piquiers, comme repreſente ceſte figure, il faut que les Mouſquetaires du premier rang qui ſont à l’aiſle droiĉte faſſent à gauche, & que ceux qui ſont à l’aiſle gauche faſſent à droiĉt, & qu’ils marchent juſqu’à ce qu’ils ſe rencontrent au-droiĉt du demy rang des Piquiers, ou ceux de l’aiſle droiĉte feront à droiĉt, & ceux de la gauche feront à gauche ; & lors qu’il leur ſera commandé de marcher ils defileront par le demy rang, & ſe mettront en deux files. Les Mouſquetaires de ce rang ayant defilé, le premier rang des Piquiers les ſuivra, defilant par le meſme ordre ; cependant le ſecond rang de Mouſquetaires marchera devant les Piquiers & defilera comme a fait le premier ; puis le trois-ieſme apres le ſecond ; & ainſi juſqu’à la fin ; & quand ils auront paſſé le pont, & qu’ils ſeront en lieu où ils pourront ſe mettre en bataille, il faudra faire remettre le premier rang en ſa premiere forme ; & du premier au ſecond, & tous les autres rangs en ſuite, juſqu’à ce que le Bataillon ſoit formé. Il faut qu’il y ait un Officier, ou du moins un Sergent, avec châque rang, pour former promptement le Bataillon, & faire teſte aux ennemis s’il y en avoit de l’autre coſté. Si le paſſage eſt plus large, lon pourra defiler par 4, par 6, par 8, ou davantage s’il ſe peut ; tant plus on paſſera à la fois, tant plûtoſt le Bataillon ſera remis en eſtat de combattre. Obſervant bien cet ordre on peut faire paſſer un Regiment, voire toute une Armée s’il eſt beſoin, & la remettre en bataille auſſi-toſt qu’elle ſera paſſée. Cette figure monſtre comme il faut defiler & comme il faut ſe remettre en bataille. On peut auſſi ſi lon veut paſſer par files & reformer de-meſme le Bataillon ; mais par rangs il y a moins d’embarras & plus de ſeureté ; outre qu’entre pluſieurs raiſons qu’on a de defiler par rangs plûtoſt que par files, il y en a une tres bonne, qui eſt que quand on reforme le Bataillon, s’il a paſſé par files, on n’a que deux hommes de front, lequel ne croiſt qu’à meſure que les files paſſent ; ainſi le paſſage ne peut eſtre couvert, & les ennemis peuvent voir, non ſeulement tout ce qui s’y fait, mais encore ce qu’il y a de monde ; au-lieu que paſſant par rangs, auſſi-toſt qu’un rang eſt formé, il couvre par un grand front tout ce qui eſt derriere. Il y en pourra avoir qui m’objeĉteront que je me contrarie, & que tenant le party de defiler par rangs, je ne laiſſe pas de defiler par files, y reduiſant meſme les rangs : mais je leur reſpondray que le lieu ne me permettant pas de paſſer un rang à la fois, je ſuis contraint de le reduire en files ; mais auſſi-toſt que j’ay de l’eſpace je fais voir le front du Bataillon, duquel je couvre mon paſſage, qui eſt mon principal deſſein ; ce que je ne pourrois pas faire defilant le Bataillon par files.

Premier rang de Mousquetaires, prenez garde à vous.

PREMIER RANG DE MOVSQVETAIRES, IOIGNEZ VOVS DEVANT LES PIQVIERS, ET MARCHEZ, REDVI-SANT LE RANG EN DEVX FILES.

PREMIER RANG DE PIQVIERS, MARCHEZ A LA QVEVE DV PREMIER RANG DE MOVSQVETAIRES, ET VOVS REDVISEZ EN DEVX FILES, COMME ILS ONT FAIT.

Sergens, faites defiler & fuivre tout le monde, par le mefme ordre.

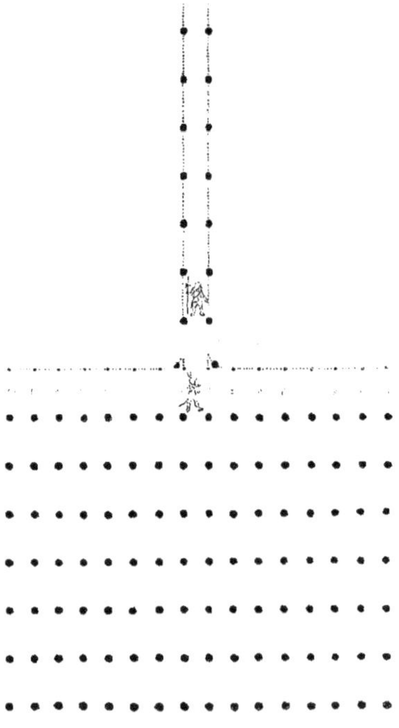

FIN DES EVOLVTIONS.

BATAILLONS.

BATAILLONS.

IVSQV'ICY nous avons aſſez bien faict entendre les commencemens de ce que doit ſçavoir noſtre Mareſchal de Bataille ; il eſt maintenant neceſſaire pour le perfectionner dans cette Charge,
qu'il ſçache parfaitement & avec promptitude dreſſer toutes ſortes de Bataillons, tant contre la Cavalerie que contre l'Infanterie, pour ſe pouvoir
ſervir en tout temps & en tous lieux des Troupes
qu'il aura à faire combattre, & ranger ſon Infanterie de ſorte quelle
puiſſe ſe defendre ſans deſordre & ſans eſtre rompuë que par de grands
efforts; meſme qu'un petit nombre puiſſe combattre & reſiſter contre
un plus grand. De temps en temps les ſçavans dans le Meſtier de la
Guerre, ont inventé des differents Bataillons, que leurs Succeſſeurs
ont perfectionné, en adjouſtant à leur forme ce qui les pouvoit rendre
meilleurs. Dans l'Antiquité il n'y avoit que le Rond, l'Ovale & le
Quarré qui fuſſent connus : Et les premiers Maiſtres de la Terre, les
Cyrus, les Alexandres & les Ceſars ne ſont point parvenus à la parfaite
connoiſſance que nous avons à preſent de les former. Le feu Prince
d'Auranges Maurice de Naſſau, eſt un des premiers qui a trouvé l'uſa-
ge de les mettre en eſtat de reſiſter meſmes en pleine campagne contre
la Cavalerie, ayant trouvé l'invention de vuider les centres, leur faire
faire face par tout, mettre ſa Mouſqueterie à couvert de ſes Piquiers
qui ont plus de defenſe ; & s'en ſervir la faiſant ſortir par les intervales des rangs des Piquiers, & rentrer en leur place par le meſme chemin apres avoir faict leur deſcharge. Il n'a pas ſeulement mis par ce
moyen ſes Mouſquetaires à couvert, mais meſmes ſes Drapeaux & ſes
Bagages. Entr'autres Bataillons qu'il a inventé, & dont il s'eſt ſervy
en diverſes rencontres, ſa grande Croix eſt une fortereſſe d'hommes
qui ſemble inebranlable. Le feu Sieur de Loſtelneau mon Oncle &
mon devancier dans la Charge de Major des Gardes du Roy, eſt le

premier en France qui a trouvé l'ufage de les dreffer, & qui s'eft faict des regles faciles & tres promptes pour vuider les centres, & les quarrer au dedans, quant mefme le nombre d'hommes feroit impair ; & j'ofe dire à fon avantage qu'il a reduit ce Meftier à des regles infaillibles, d'où des milliers d'Officiers en France ont tiré ce qu'ils en fçavent aujourd'huy. Le feu Roy Louis le Iufte, de tres glorieufe memoire voulut qu'il euft l'honneur de luy en monftrer les commencemens, auffi bien qu'il avoit fait le Maniment des Armes & les Evolutions ; & depuis ce Grand Roy s'y plût & s'y perfectionna de forte qu'il paffa de beaucoup celuy qui l'avoit enfeigné, & fut le plus fçavant Maiftre en cet Art. Quantité d'autres ont trouvé des inventions pour former des Bataillons, qu'ils reconnoiftront dans ce Livre ; j'y en ay mis quelques-uns de la mienne ; mais il faut demeurer d'accord que la pluf-part eft tirée des regles que feu mon Oncle a laiffées, dont il y en a quatre infaillibles pour former les Octogones, ou Bataillons à huict faces ; il y en a auffi pour tous les autres, tant par figures que par difcours, comme on pourra voir dans la fuite de ce Livre. I'ay mis en quelques Bataillons tous les commandemens qu'il faut faire pour les former ; aux autres je me fuis contenté de dire en combien de parties il les faut couper, où ils doivent marcher, & la pofture où les hommes doivent eftre pour refifter aux efforts qui feront faits contre eux. Noftre Marefchal de Bataille s'y exercera s'il me croit, & s'en imprimera fi bien toutes les regles dans l'efprit, qu'il ne pourra jamais eftre furpris lors qu'il fera neceffité de fe fervir de fon Infanterie. Plufieurs ont glofé fur les Bataillons contre la Cavalerie, difant qu'ils font inutiles, qu'on n'a jamais le temps de les former, & que celà n'eft bon qu'à voir au pré aux Clercs ; mais fi ceux-là s'eftoient quelque-fois trouvez en rafe campagne avec de l'Infanterie qui ait efté attaquée par de la Cavalerie, ils en auroient un tout autre fentiment. Ceux qui fe trouverent à la Bataille de Rocroy, gagnée par Monfieur le Duc d'Enguien l'an 1643, purent voir les grands efforts & le fervice que rendit le Regiment de Picardie mis en forme d'Octogone par le Sieur de Pedamons l'un de fes Capitaines, qui ce jour là fe fignala à la conduite des Enfans perdus de ce Corps. Ie pourrois citer en ce lieu mille autres exemples arrivez de noftre temps, mais ayant toûjours preferé les effets aux paroles, je finiray ce difcours, commençant à enfeigner comme on forme toutes fortes de Bataillons, à fin que ceux qui les croyant tres utiles, font feulement rebutez par la difficulté qu'ils penfent qu'il y a de les former en tant de fortes de figures, ceffent de l'eftre quand ils connoiftront par experience qu'il n'eft rien de plus facile.

Ce premier Bataillon n'est que le vulguaire, il contient en tout six cens quarante hommes, à sçavoir 320 Mousquetaires & 320 Piquiers, à 8 de hauteur & 80 de front.

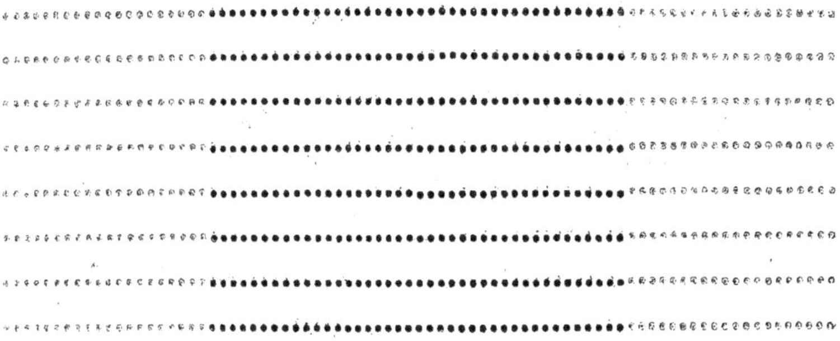

Ce Bataillon eſt de meſme que le precedent , exepté les quatre plotons qui font aux encoingnures. On peut exercer les Soldats tant aux Evolutions qu'au Maniment de leurs Armes , en faifant rejoindre les plotons deſtachez au Bataillon.

Pour faire trois Bataillons de ce prefent Bataillon, il le faut couper à la demy - file ; & depuis le Demy - file jufqu'au Serre - file le couper au demy rang ; commander au demy rang de Moufquetaires de l'aifle droicte qui joint les Piquiers, de faire à gauche, & au demy rang de l'aifle gauche qui joint auffi les Piquiers, de faire à droict, le refte des Moufquetaires demeurant ferme fur fon terrain ; puis commander au demy rang de Piquiers de main droicte, de la demy file, de faire à droit & à l'autre demy rang de faire à gauche ; faire marcher les Moufquetaires qui ont faict à droict & à gauche, par les intervales des Piquiers, & les Piquiers par les intervales des Moufquetaires, tant que les Moufquetaires fe joignent dans le milieu, & que les Piquiers foient joints aux Moufquetaires qui n'ont bougé de fur leur terrain, comme monftre cette figure ; & apres avoir faict remettre ceux qui ont marché fur leur premier front, le Bataillon fera formé.

Ce Bataillon est le mesme que le precedent, on voit assez comme la
demy-file est ouverte à droict & à gauche par demy rang.

Ce Bataillon eſt encore le meſme que les deux precedens ; il eſt aiſé de voir comme il eſtoit auparavant, & comme les deux Bataillons des aiſles ont tourné ; ce dernier eſt mieux en eſtat de combattre que les deux autres. On peut en cette ſorte combattre les ennemis, quoy qu'ils ſoient egaux ou en plus grand nombre, & ſans qu'ils s'en apperçoivent les attaquer par la teſte & par les flancs, ayant faiɛt marcher le premier de ces trois juſqu'à la longueur de la pique. Il faut mettre des bons Chefs à toutes les teſtes, pour eviter la confuſion lors qu'il faudra faire le quart de converſion pour attaquer les ennemis par les aiſles.

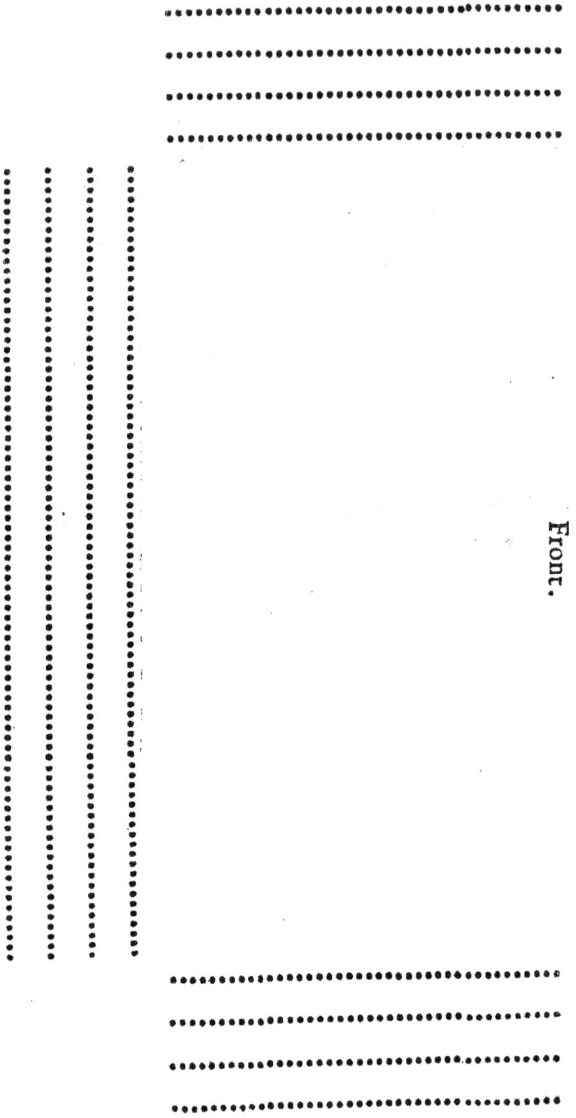

Front.

Ce Bataillon eſt de meſme nombre que les precedents, & eſt ſelon
les anciens ordres avec plotons.

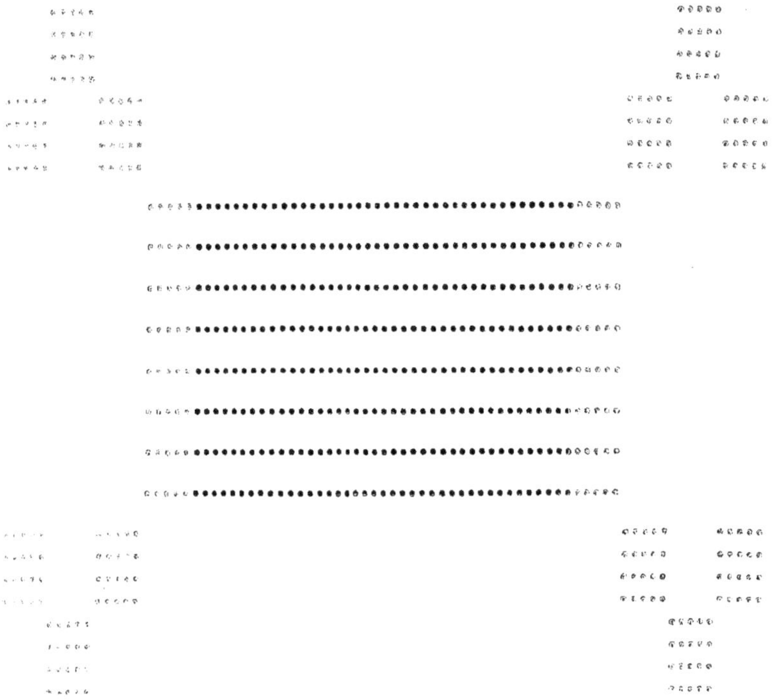

Ce Bataillon eſt ſelon les anciens Ordres de l'Infanterie , avecque manches & plotons; les plotons & manches ſont Mouſquetaires.

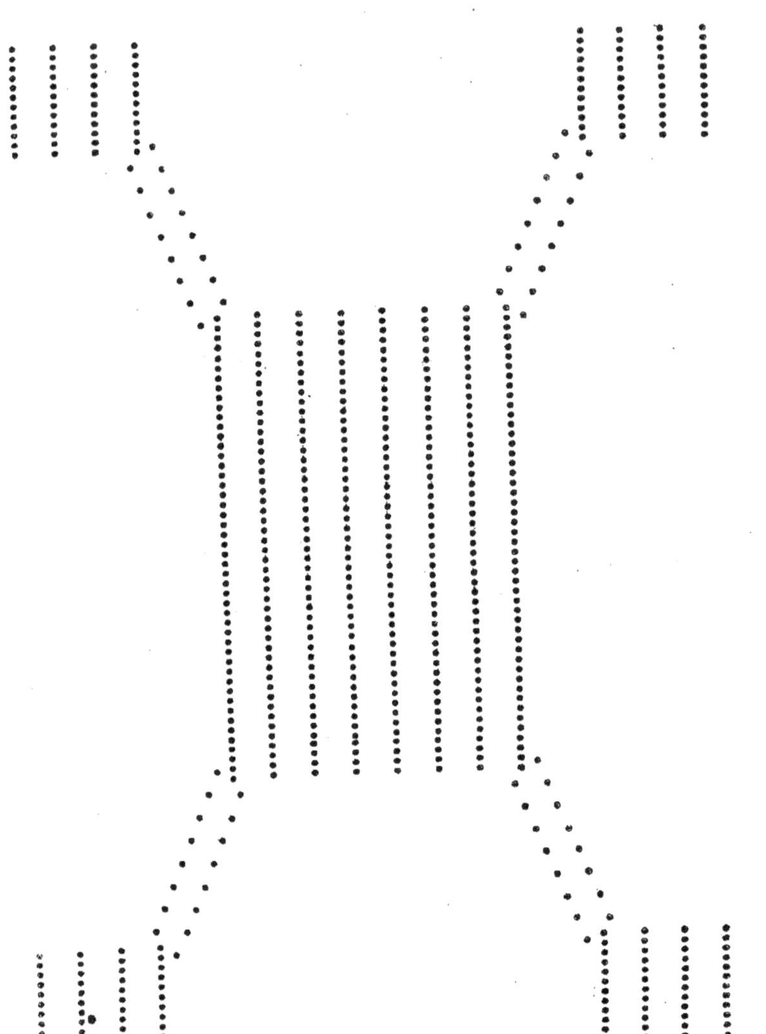

Ce Bataillon est encor selon les anciens ordres, avec plotons; il doit estre quarré de Piquiers ; & parce qu'ordinairement on a davantage de Mousquetaires que de Piquiers , on s'en peut servir utilement & avec facilité, suivant cette figure.

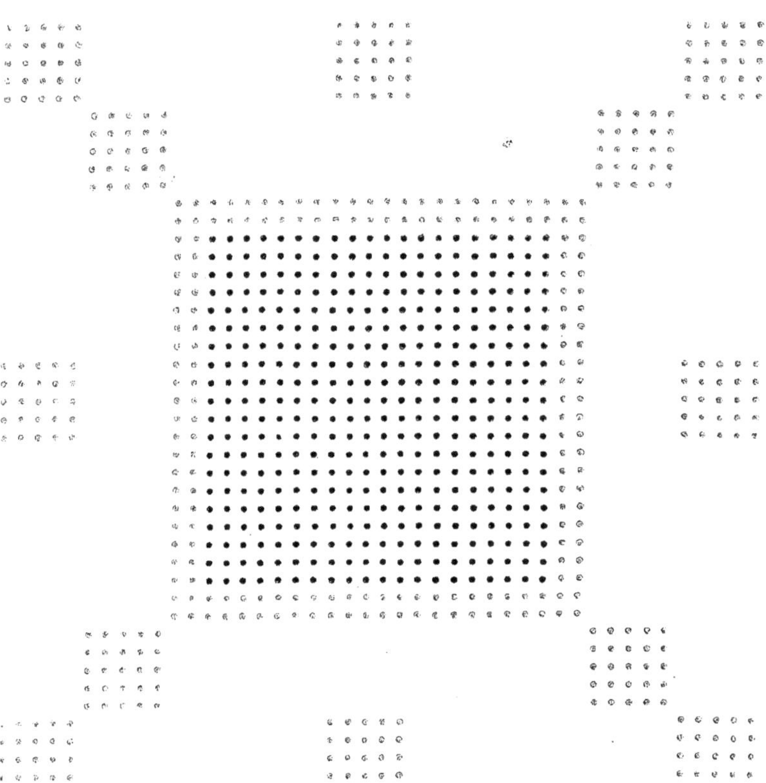

Ce Bataillon eſt le meſme que les precedens, excepté qu'entre deux files de Piquiers il y en a une de Mouſquetaires, ce qui ſe peut pratiquer pour decevoir les ennemis, qui ne jugeront pas à quoy un tel ordre eſt bon, duquel il eſt facile de ſe ſervir en un inſtant des Mouſquetaires les faiſant ſortir hors des Piquiers en avant ou en arriere.

On voit en ce Bataillon un rang entier de Mousquetaires , puis un de Piquiers , & ainsi de suite, de-quoy nous ne dirons rien davantage, n'estant pas difficile à faire ; & quand on voudra se servir des Mousquetaires on les fera sortir par les intervales des Piquiers.

Si vous avez 400 Piquiers pour faire le Bataillon **A** , il les faut mettre à 10 de hauteur & 40 de front, en faire quatre Bataillons egaux, de 100 Piquiers châcun, que vous difpoferez comme monftre la figure **B** . Il faut 740 Moufquetaires, à 10 de hauteur & 74 de front, qui doivent eftre aux flancs des Piquiers au premier ordre, defquels vous prendrez 64 pour le centre du milieu ; 25 pour châcun des petits quarrez, qui font 200 Moufquetaires pour les huict quarrez ; 100 pour châcun des quatre quarrez qui forment une croix de Moufquetaires, d'où font tirez 20 Moufquetaires pour châque manche ; & des 76 qui reftent vous en ferez la bordure du dehors de châcun Bataillon de Piquiers.

B

A

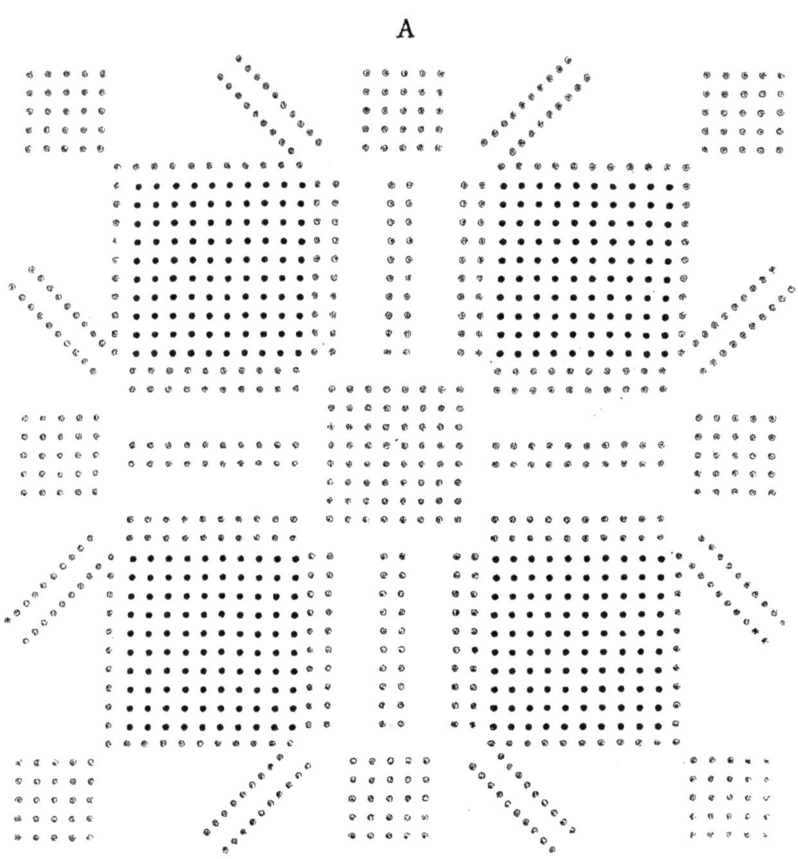

Si vous avez 288 Piquiers & 360 Mousquetaires pour faire la Croix de Lorraine B, mettez vos Mousquetaires à 12 de hauteur & 30 de front comme monstre la figure C ; mettez pareillement vos Piquiers à 12 de hauteur desquels vous mettrez la moitié à châque flanc des Mousquetaires ; prenez les 18 files de Mousquetaires du milieu & les disposez selon la figure D, qui est l'arbre de la croix, lequel doit estre de 36 hommes de hauteur & 6 de front ; & les 6 files qui sont à droict & 6 à gauche coupez les à la demy-file & les faictes marcher en avant & en arriere comme monstre ladicte figure D. Puis pour faire joindre les Piquiers aux Mousquetaires prenez 6 files de Piquiers à droict & 6 à gauche, & les faictes marcher dans l'intervale des demy-files de Mousquetaires qui ont marché en avant & en arriere ; & les 6 autres files qui sont à droict & 6 à gauche coupez les à la demy-file, & faictes marcher châque partie dans châcun angle des deux bouts de la croix, faictes les ferrer contre les Mousquetaires & le Bataillon sera formé. Les Mousquetaires se peuvent destacher pour aler faire leur descharge, puis apres reprendre leurs places.

CD

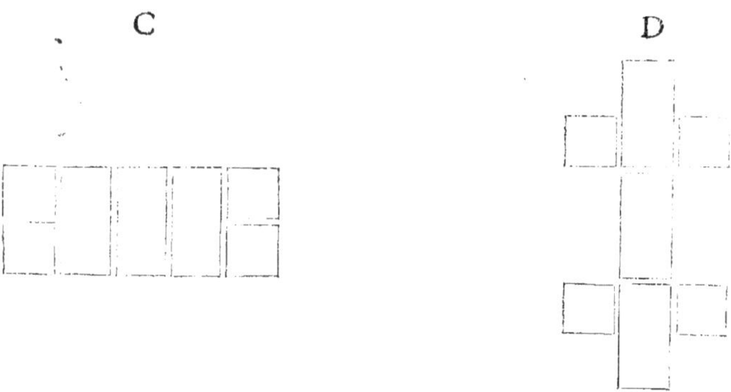

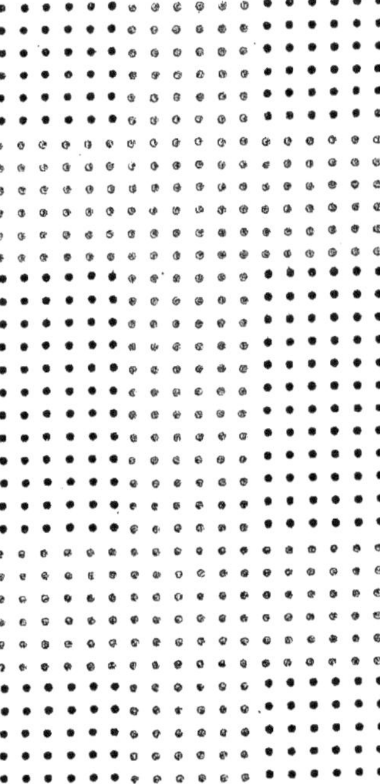

Ce Bataillon, E, est encore la Croix de Lorraine ; on peut voir par cette figure comme les Mousquetaires se font destachez pour aller faire leur descharge. Il faut ordonner un Officier à chaque Bataillon de Mousquetaires, pour les conduire & pour les faire tirer par ordre ; ils partiront pour aller faire leur salve, aussi-tost qu'ils entendront battre l'allarme, & se retireront quand on battra aux champs ; le tout avec promptitude & jugement.

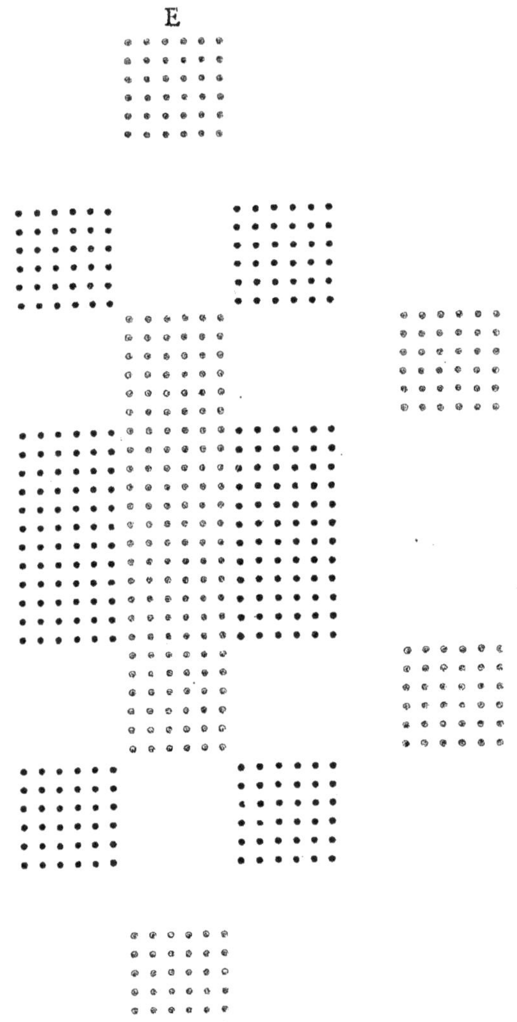
E

Pour mettre la Croix de Lorraine en cette figure F il faut la couper
à la demy-file, faire faire à droiĉt aux demy-files & les faire marcher
tant que le dernier rang soit plus avancé d'un pas que la file de main
droite des Chefs de files, qui ne doivent pas avoir bougé de leur place;
puis leur faire faire à gauche, à fin qu'ils ayent tous un mesme front;
faire sortir les quarrez de Mousquetaires suivant cette figure, pour aller
faire leur descharge, estant toûjours conduits par des Officiers, pour
les raisons diĉtes en la figure precedente.

F

Si vous avez 196 Piquiers pour en faire le Bataillon G, faiĉtes en un quarré de 14 files & 14 rangs, comme mônftre la figure H, puis prenez 6 hommes de châque angle, fçavoir 3 de la premiere file, 2 de la feconde & un de la troisiefme, defquels 6 hommes vous ferez une file, que vous mettrez à châcune des quatre faces vis à vis des 6 files du milieu, comme on voit en la mefme figure H, ce qu'eftant faiĉt vous mettrez deux files de Moufquetaires tout à l'entour, & le Bataillon fera formé.

H

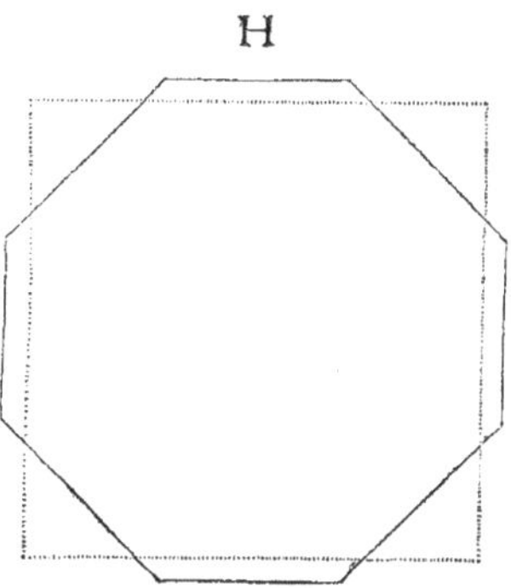

Si vous avez 400 Piquiers, pour en faire le Bataillon I vous ferez un quarré de 20 files & 20 rangs, duquel vous prendrez 10 hommes de châque angle, à fçavoir 4 de la premiere file, 3 de la feconde, 2 de la trois-iefme, & un de la quatr'iefme, dont vous ferez une file que vous placerez au-droit des 10 files du milieu de châque face, comme le tout eft demonftré par ladite figure H ; puis mettrez au-tour deux files de Moufquetaires, les ferez apprefter & prefenter les Armes par tout. La force de ces deux Bataillons eft aux Piquiers.

G

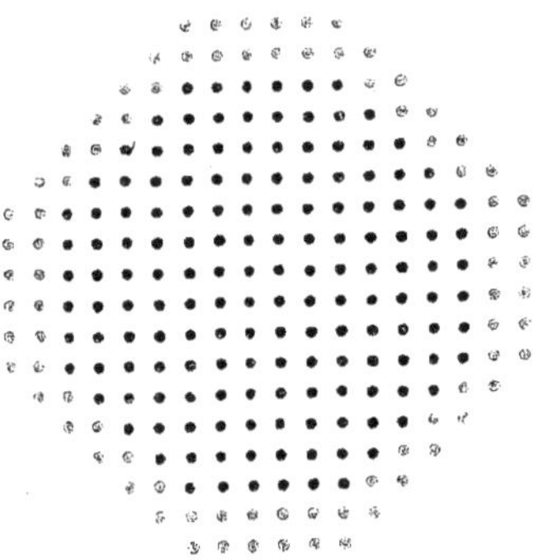

I

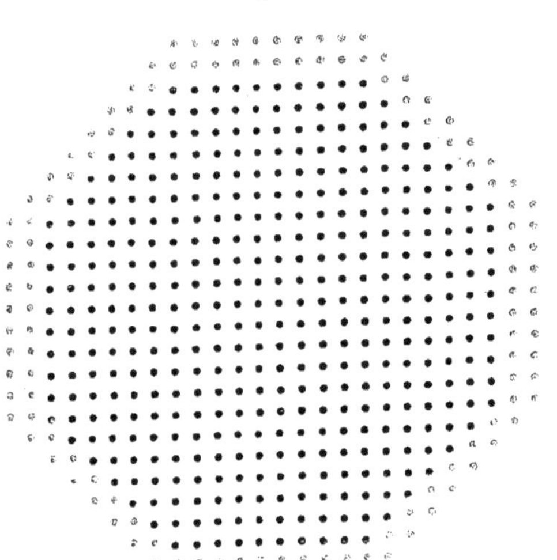

Mm

Le Bataillon A, eſt de 40 Piquiers, eſtant au premier ordre à 4 de hauteur & 10 de front, comme monſtre la figure B ; pour le former il faut couper 2 files à droict & 2 à gauche, dont on fera les angles, apres les avoir coupées à la demy-file ; partager les 6 files qui reſtent au demy rang & à la demy-file, & en former la croix par quart de converſion, amener les angles aux encongneures & le Bataillon ſera formé. Il y faut 9 Mouſquetaires dans le centre, & 32 pour la bordure, qui ſont en tout 41 Mouſquetaires.

B

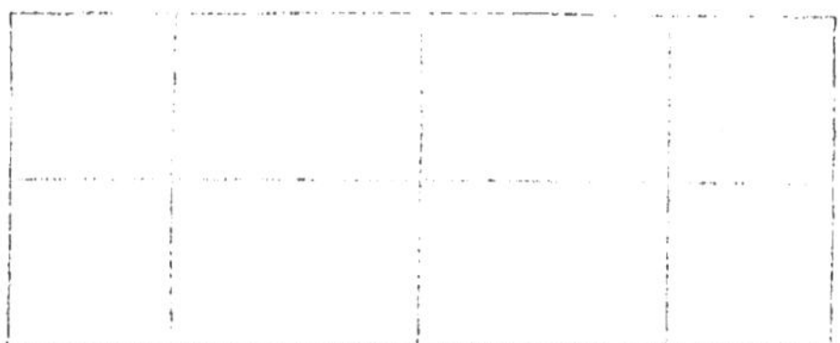

Le Bataillon, C, eſt de 64 Piquiers, eſtant au premier ordre à 8 de hauteur & 8 de front ; pour le former à huict faces, ou en Octogone, il faut vuider le centre & en prendre 16 hommes, deſquels on mettra deux files de deux hommes à châcune des quatre faces, puis emouſſer les angles & le Bataillon à huict faces ſera formé. Il faut 36 Mouſquetaires dans le centre, & 96 pour la bordure, qui ſont en tout 132.

A

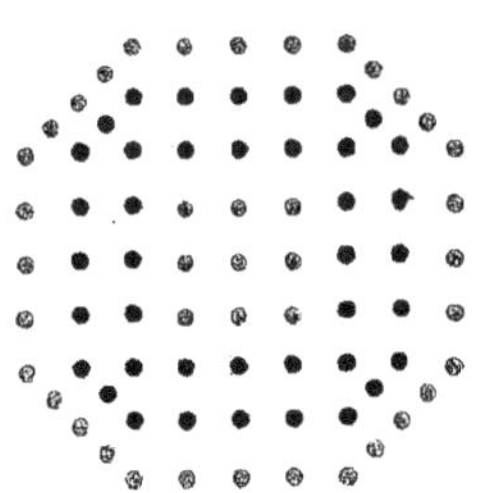

C

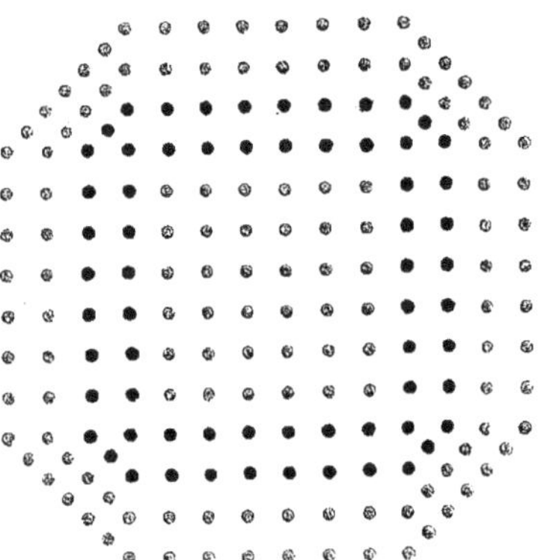

Mm ij

Ce Bataillon, A, eſt de 500 Piquiers diſpoſez en forme de croix, &
de 400 Mouſquetaires qui font les encoingneures ; pour le former il
faut mettre le tout à 10 de hauteur & 90 de front, qui ſont 40 files de
Mouſquetaires & 50 de Piquiers ; puis couper les Piquiers en cinq parts
egales & les Mouſquetaires en quatre, comme le tout eſt monſtré par
la figure B ; mettre les Piquiers en croix comme monſtre la figure C ;
amener les Mouſquetaires aux angles, & le Bataillon ſera formé.

B

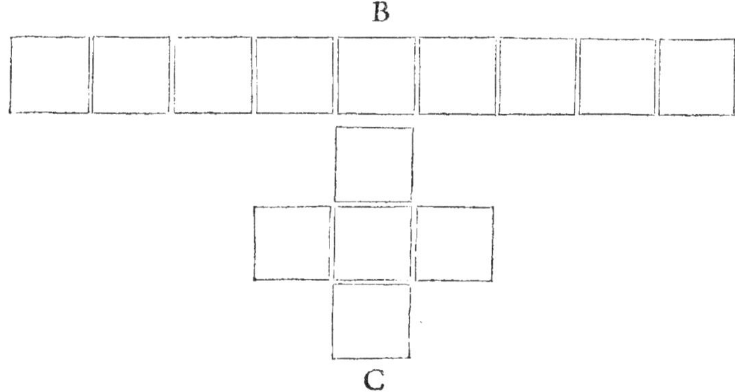

C

A

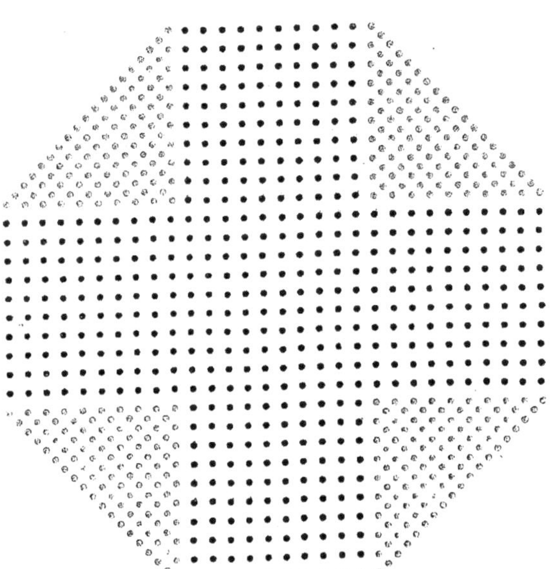

Ce Bataillon eſt une croix de 500 Mouſquetaires, & 400 Piquiers
qui font les encoingneures; pour le former il faut mettre le tout à 10
de hauteur & 90 de front, comme en la precedente figure, couper les
Mouſquetaires en cinq parts egales & en former la croix repreſentée
par la figure C, faire quatre parts egales des Piquiers & les placer aux
angles, qu'il faudra faire emouſſer, & le Bataillon ſera formé.

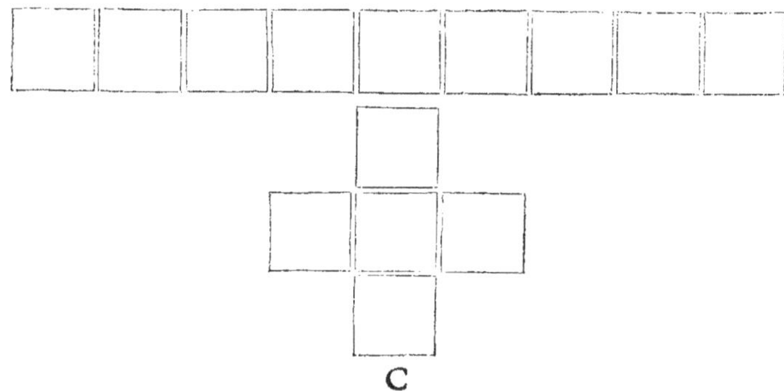

C

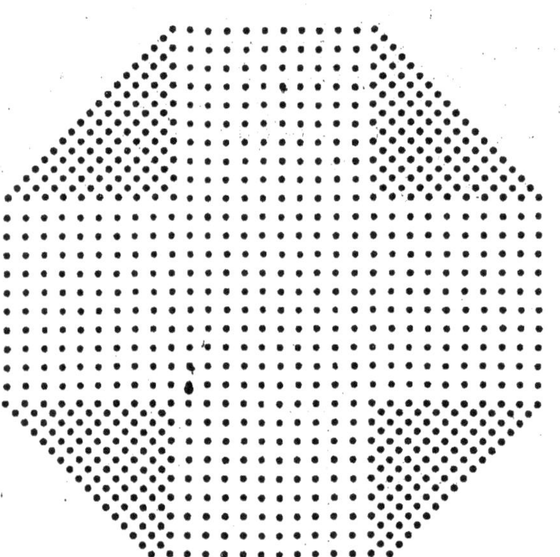

Ce Bataillon eſt encore de 500 Mouſquetaires & de 400 Piquiers ;
ayant faiƈt de tout un Bataillon à 10 de hauteur & 90 de front comme
aux precedentes figures, & coupé les Piquiers en quatre parts egales, il
en faut former une croix, comme monſtre la figure C, laiſſant le centre vuide, dans lequel il faut faire entrer 100 Mouſquetaires, & les 400
qui reſtent eſtant coupez en quatre parts egales & mis châque partie à
châcun des angles de la croix, il ne faudra que les emouſſer, & le Bataillon, D, ſera formé.

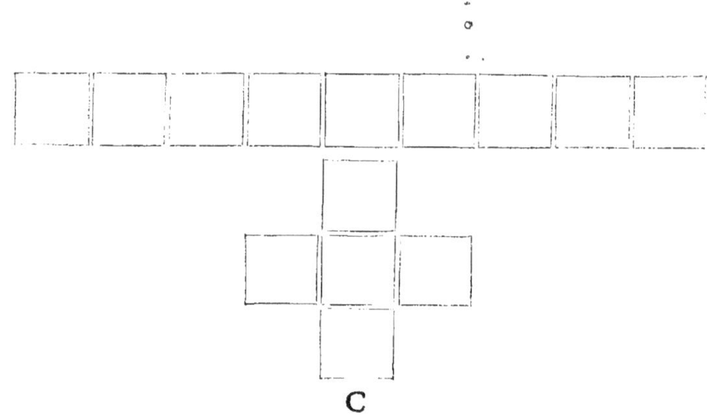

C

D

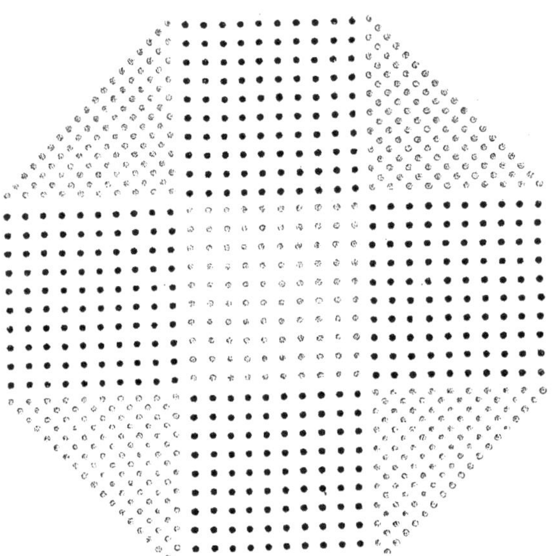

Si vous avez 72 Piquiers defquels vous vouliez faire le Bataillon
A, mettez les à 6 de hauteur & 12 de front, comme il eft reprefenté
par la figure B, puis coupez 3 files à droi{ & 3 à gauche & les laiffez
fur leur terrain, & les 6 files qui reftent dans le milieu coupez les en
quatre parts egales & en formez la croix qui fe voit en la figure C, ce
qu'ayant faict vous couperez à la demy-file les trois files à droict & les
trois à gauche que vous avez laiffé fur leur terrain, & les ferez marcher dans les angles de la croix & le Bataillon fera formé. Il faut auffi
mettre les Moufquetaires à 6 de hauteur, qu'on peut laiffer à la queuë
ou aux flancs du Bataillon, defquels il en faut mettre 9 dans le centre,
& 88 pour faire la bordure, puis emouffer les angles fi lon veut & prefenter les Armes par tout.

B   C

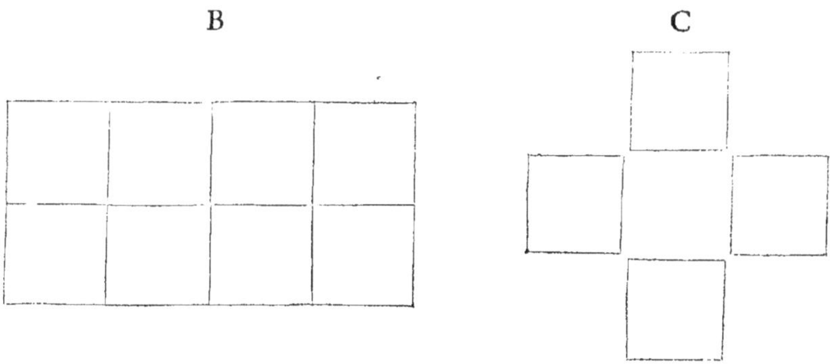

A

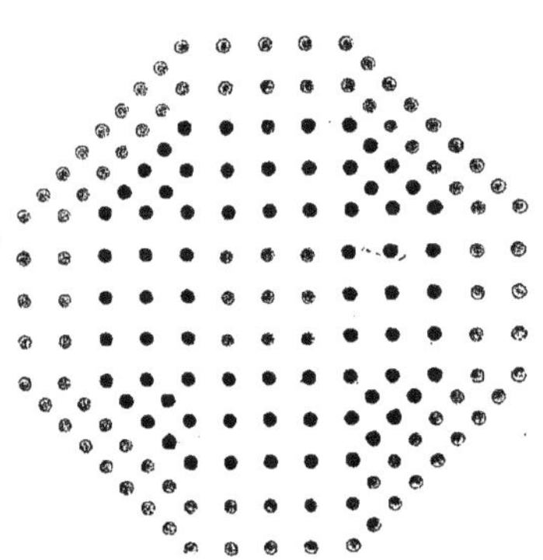

Pagination incorrecte — date incorrecte

NF Z 43-120-12

Ce Bataillon, D, eſt de 128 Piquiers, deſquels il a fallu faire un Bataillon à 8 de hauteur & 16 de front, comme monſtre la figure E, puis
le diſtribuer comme nous avons enſeigné en la figure precedente, &
comme nous dirons aux deux qui ſuivent ; mais comme ce Livre ne
contient que cinq Regles principales pour former toutes ſortes de Bataillons en Octogone : nous avons eſtimé devoir enſeigner une fois en
châcune les commandemens qu'il faut faire pour les former ; ceux de
cette Regle, de laquelle le front eſt double de la hauteur, ſe font ainſi ;
Prenez garde à vous, demy-file. Quarts de rangs de main droicte & de
main gauche de la demy-file, demy tour à droict. Marchent tous les
quarts de rangs de main droicte & de main gauche juſqu'aux angles
des quarts de rangs du milieu. Quarts de rangs du milieu, prenez garde à vous. Quart de rang de main droicte, depuis le Chef de file juſqu'au Demy-file, marche juſqu'à l'angle du quart de rang de main
gauche. Demy-file à droict : marche tant que le Serre-file ſoit un pas
plus avant que la file de main droicte de ceux qui n'ont bougé de ſur
leur terrain. Demy-file de ceux qui ont marché les derniers, à droict.
Chefs de files, à gauche, & marchez tant que la croix ſoit formée.
Derniers qui ont marché, à droict. Quarts de rangs qui avez marché
les premiers, marchez dans les angles de la croix, & faites front en
dehors.

E

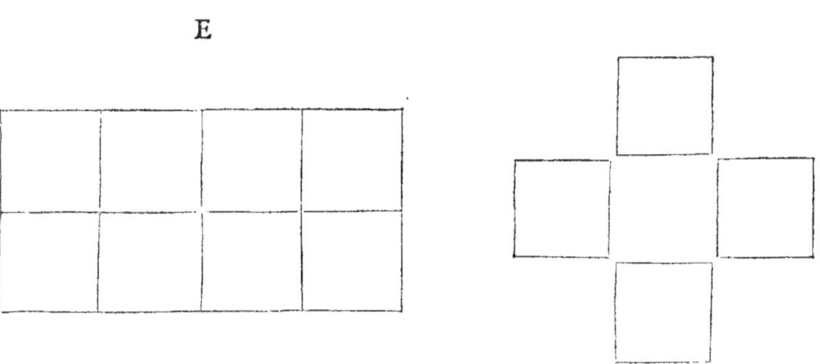

D

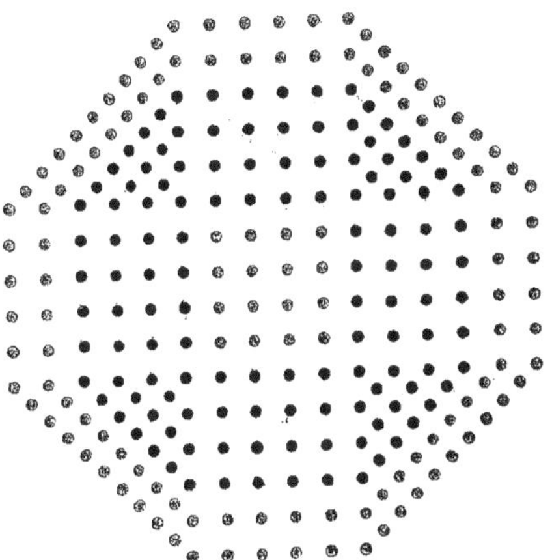

Ce Bataillon G, eſt de 200 Piquiers ; pour le former il les faut mettre à 10 de hauteur & 20 de front comme monſtre la figure H, couper
5 files à droiȼt & 5 à gauche & les laiſſer ſur leur terrain ; faire quatre
parts egales des 10 files du milieu pour faire la croix I, puis couper les
10 files qui ſont demeurées ſur leur terrain à la demy-file, & les faire
marcher dans les angles de la croix, & le Bataillon ſera formé. Il faut
mettre 25 Mouſquetaires dans le centre des Piquiers, & pour les deux
files de la bordure il en faut 136, qui ſont en tout 161 Mouſquetaires.

H   I

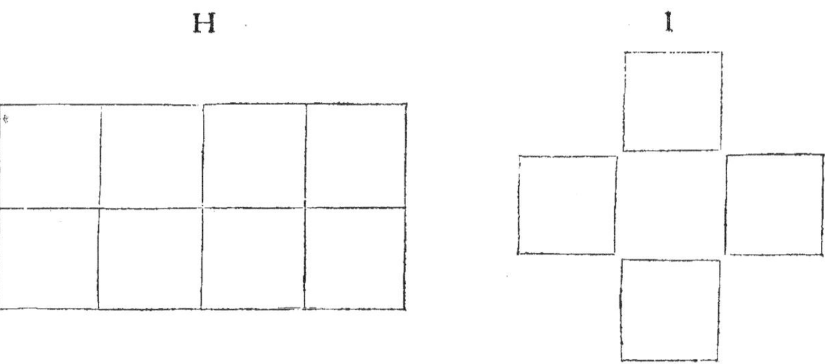

G

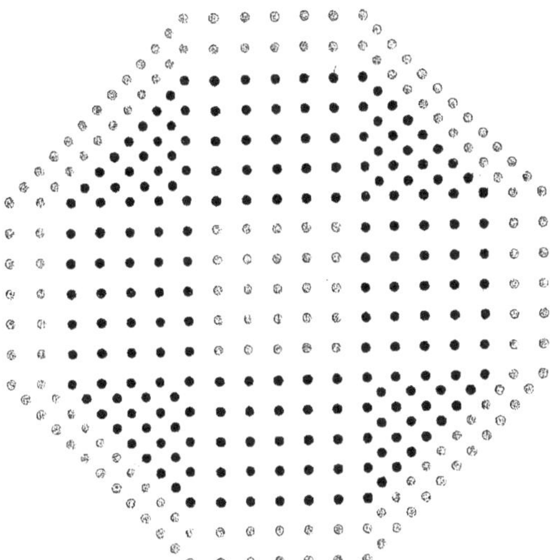

Si vous avez 288 Piquiers pour faire le Bataillon **L**, il faut les mettre à 12 de hauteur & 24 de front, comme monſtre la figure **M**, puis faut prendre 6 files à droiƈt & 6 à gauche & les couper à la demy-file pour faire les angles ; & couper les 12 files du milieu en quatre parts egales pour faire la croix **N**, dans les angles de laquelle ayant faiƈt marcher les 12 files qui ont eſté coupées à droiƈt & à gauche, le Bataillon ſera formé. Les Mouſquetaires ſe doivent pareillement mettre à 12 de hauteur, deſquels en faut mettre 36 dans le centre des Piquiers ; & pour deux files tout au-tour 160. Quand on ſera preſt de combattre il faudra faire emouſſer les angles comme on voit ladite figure **L**, & faire preſenter les Armes par tout.

M   N

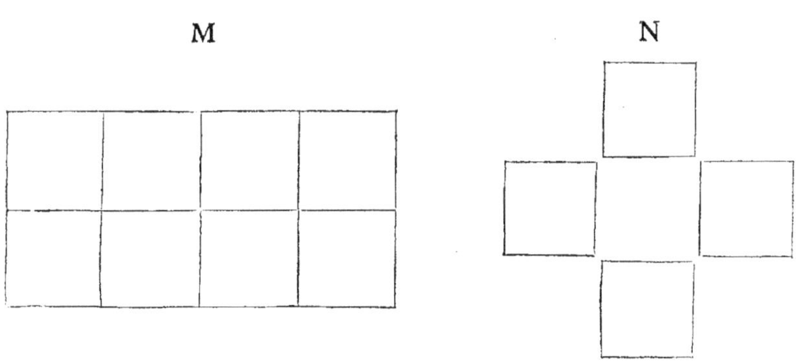

L

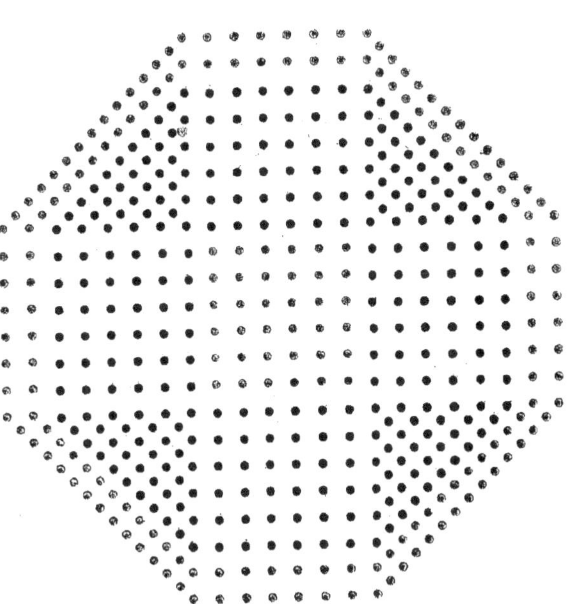

Si vous avez 288 Piquiers pour faire le Bataillon O, mettez les à 12 de hauteur & 24 de front, comme le monſtre la figure P ; puis prenez 6 files à droiđt & 6 à gauche, coupez les à la demy-file & faiđes marcher châque partie juſques aux angles des 12 files du milieu, comme monſtre la figure Q , & le Bataillon ſera formé. Il faut 312 Mouſquetaires , à 12 de hauteur & 26 de front, deſquels vous ferez deux files au-tour de tout le Bataillon, comme on voit en ladite figure O .

P   Q

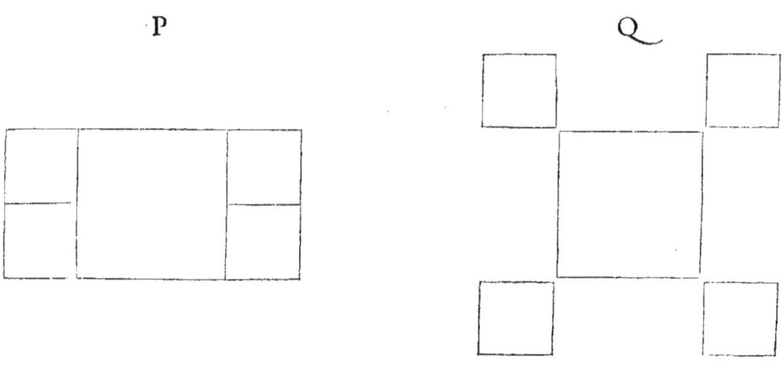

O

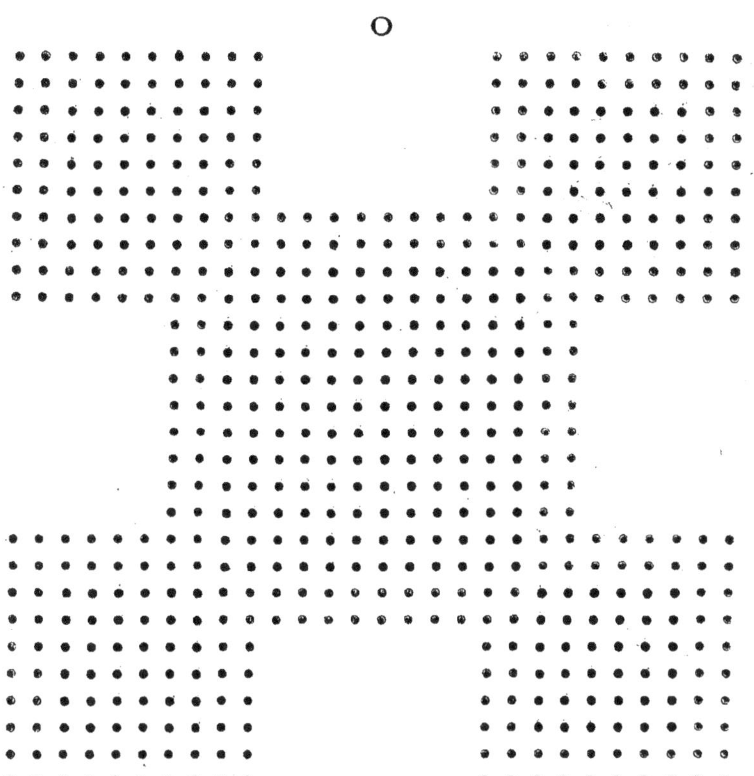

Si vous avez 800 Piquiers pour faire le Bataillon , R , mettez les à 10
de hauteur & 20 de front , comme monftre la figure , S ; puis prenez
10 files à droiɗ & 10 à gauche , coupez les à la demy - file , & les faiɗes
marcher tant qu'elles foient aux angles ou cornes des 20 files du milieu
comme monftre la figure , T. Il faut auffi 800 Moufquetaires , qui doivent eftre aux flancs du premier ordre des Piquiers à la mefme hauteur,
defquels vous prendrez 10 files au flanc droiɗ que vous placerez au
front du Bataillon , puis 10 files au flanc gauche que vous placerez à la
queuë ; & les 10 files qui reftent au flanc droiɗ , & autant au gauche ,
vous les ferez ferrer contre les Piquiers , comme le tout eft reprefenté
par la figure R . Cette forme de Bataillon eft bonne pour en tirer plufieurs Ordres , puis qu'en un moment on en peut former deux , ou quatre fi lon veut ; & un qu'on peut feparer en cinq.

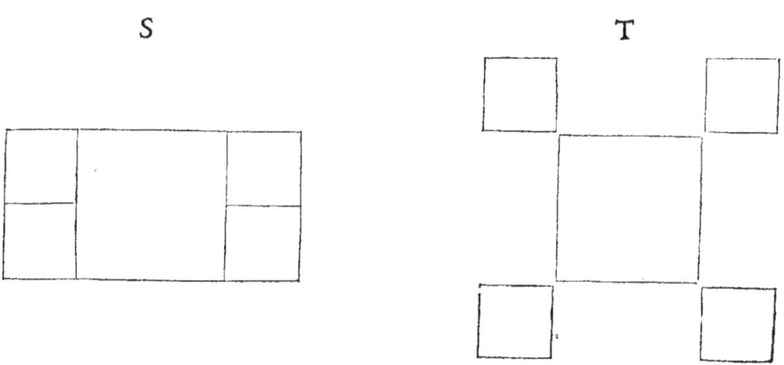

R

Ce Bataillon est de mesme que le precedent, quant aux Piquiers, & se forme de la mesme façon. Il faut 500 Mousquetaires, à 10 de hauteur & 25 de front, desquels sont faictes les deux files de la bordure.

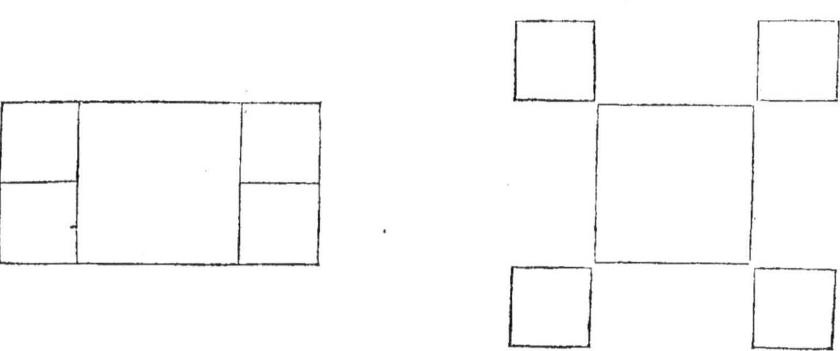

V

Ce Bataillon , A , eſt de 128 Piquiers; pour le former il les faut mettre à 8 de hauteur & 16 de front, comme monſtre la figure B ; puis en
prendre 4 files à droiᵭ & 4 à gauche & les laiſſer ſur leur terrain; couper les 8 files du milieu à la demy-file, & en faire marcher la moitié en
avant & l'autre en arriere, pour former la croix C, & vous aurez faiᵭ
quatre Bataillons egaux; de châcun deſquels faut prendre 2 files à droit
& 2 à gauche & les laiſſer ſur leur terrain ; faire marcher en avant les
4 files du milieu, & quand le dernier rang ſera plus avancé d'un pas
que le premier des files qui ſont demeurées ſur leur terrain, faudra faire
alte ; les couper à la demy-file , & en faire marcher la moitié à droiᵭ
& l'autre à gauche, dans les angles, qui ſeront de 4 hommes châcun ;
obſerver la meſme choſe aux trois autres branches de la croix , & le
Bataillon ſera formé. Il y a auſſi 180 Mouſquetaires; à ſçavoir 16 dans
le centre du Bataillon ; 16 dans le centre de chacune branche ; 16 qu'il
faut partager en quatre parts egales pour mettre dans les quatre angles
au-tour du centre du Bataillon ; & 84 pour en faire la bordure.

B   C

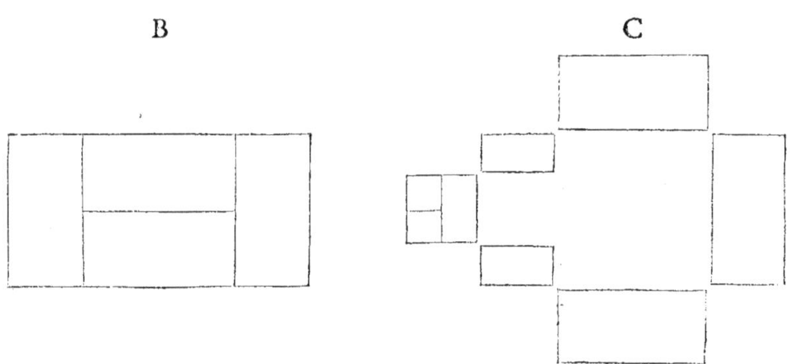

A

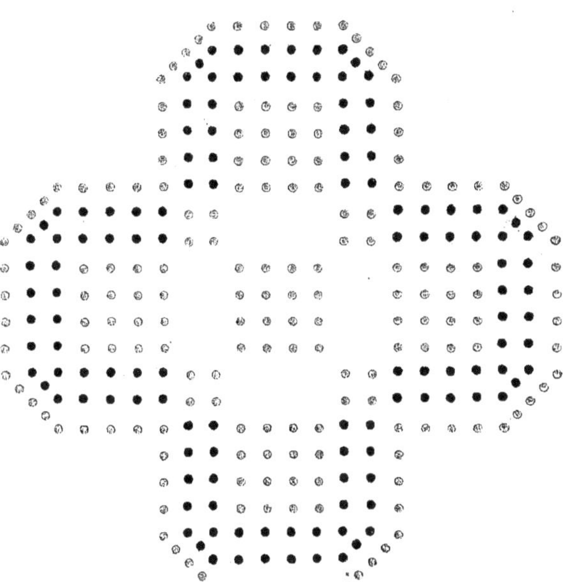

Pour faire la Croix , D , qui eſt de 288 Piquiers, il les faut mettre à
12 de hauteur & 24 de front, comme monſtre la figure E ; prendre 6 files à droiĉt & 6 à gauche & les laiſſer ſur leur terrain ; couper les 12 files
du milieu à la demy-file, en faire marcher la moitié en avant & l'autre
en arriere, juſqu'à ce qu'ils ſoient un pas plus avant que les files qui
ſont demeurées ſur leur terrain, & la croix F, ſera formée ; de châque
branche de laquelle il faut prendre 3 files à droiĉt & 3 à gauche & les
laiſſer ſur leur terrain ; faire marcher les 6 files du milieu un pas plus
avant que le premier rang des 3 files demeurées ſur leur terrain ; couper
les files qui auront marché à la demy-file, pour de la moitié faire deux
angles, comme le tout eſt repreſenté par ladiĉte figure, F. Il faut 480
Mouſquetaires, à 12 de hauteur & 40 de front, à ſçavoir 36 dans chacun des centres, & 36 qu'il faudra partager en quatre parts egales pour
mettre dans les angles du dedans; & pour deux files tout au-tour 256.

E   F

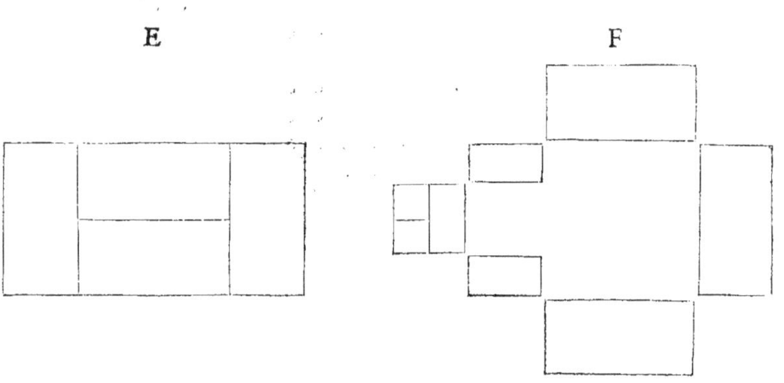

D

Pour faire le Bataillon , G, il faut mettre 512 Piquiers à 16 de hauteur & 32 de front, comme monſtre la figure H ; couper 8 files à droiɛt
& 8 à gauche & les laiſſer ſur leur terrain ; couper les 16 files du milieu
à la demy-file, & en faire marcher une moitié en avant & l'autre en
arriere juſqu'à ce que la croix, I, ſoit formée ; de chacune branche de
laquelle il faut couper 4 files à droiɛt & 4 à gauche, les laiſſer ſur leur
terrain, & faire marcher les 8 files du milieu juſqu'à ce que le dernier
rang ſoit plus avancé d'un pas que le premier des files qui ſont demeurées ſur le terrain, & les couper à la demy-file, pour de la moitié faire
deux angles de 16 Piquiers chacun, qu'il faudra faire marcher dans les
encoingneures, & le Bataillon ſera formé. Il y faut auſſi 704 Mouſquetaires, à ſçavoir 64 dans chacun des centres ; 64 qui ſeront partagez en quatre parts egales pour mettre dans les angles en dedans ; &
320 pour faire les deux files de la bordure .

H   I

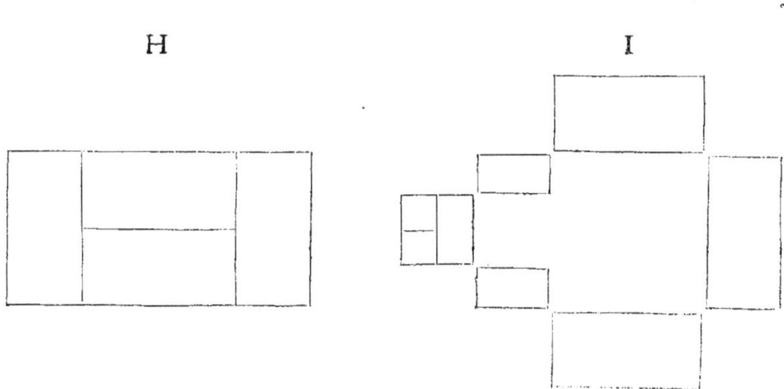

G

Si vous avez 800 Piquiers pour faire le Bataillon , K , faictes-en quatre Bataillons egaux , de 200 Piquiers châcun , à 10 de hauteur & 20 de front , & les mettez en croix comme monſtre la figure L ; & apres leur avoir fait tourner le front en dehors , prenez de châque branche 5 files à droict & 5 à gauche & les laiſſez ſur leur terrain ; faictes marcher les 10 files du milieu juſqu'à ce que le dernier rang ſoit plus avancé d'un pas que le premier des files qui ſont demeurées ſur leur terrain ; coupez-les à la demy-file & de la moitié vous en ferez deux angles de 25 Piquiers châcun , comme monſtre la figure M , & la Croix K , ſera formée. Il y faut auſſi 1016 Mouſquetaires , qui ſont 256 pour chacune branche , deſquels vous en mettrez 100 dans chaque centre ; puis 100 que vous partagerez en quatre parts egales de 25 hommes chacune , pour faire les quatre angles en dedans ; & 416 dont vous ferez les deux files de la bordure.

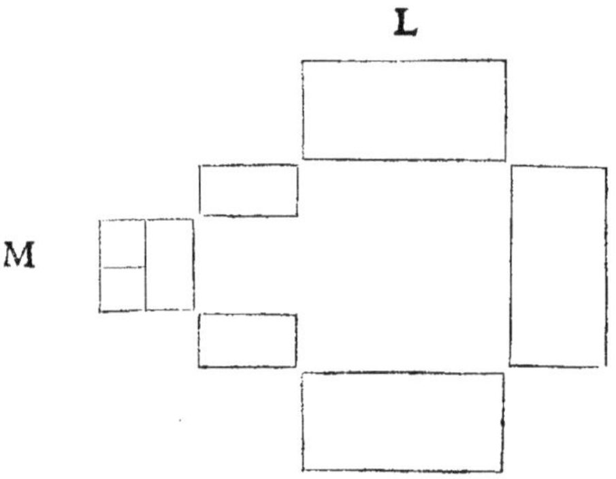

K

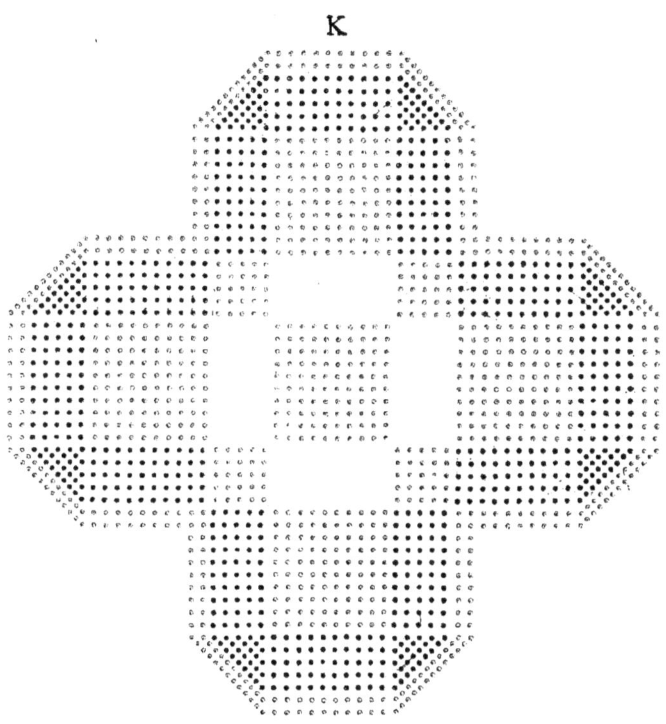

Ce Bataillon , N , eſt de 1152 Piquiers, deſquels faut faire quatre Bataillons egaux , de 288 Piquiers châcun , à 12 de hauteur & 24 de front,
les mettre en croix comme monſtre la figure O , & apres leur avoir fait
tourner le front en dehors, prendre de châque branche 6 files à droict
& 6 à gauche & les laiſſer ſur leur terrain ; faire marcher les 12 files du
milieu juſqu'à ce que le dernier rang ſoit plus avancé d'un pas que le
premier des files qui ſont demeurées ſur leur terrain ; les couper à la
demy-file & de la moitié en faire les deux angles de 36 Piquiers châcun, comme monſtre la figure P , qu'il faudra faire marcher dans les
encoingneures ; obſerver la meſme choſe aux trois autres branches, &
le Bataillon ſera formé.　Il y faut 1360 Mouſquetaires ; à ſçavoir 144
dans le centre de chacune branche ; puis 144 dans le centre de la croix
& 144 qui ſeront partagez en quatre parts egales de 36 hommes chacune, pour faire les quatre angles en dedans ; & pour deux files tout
au-tour il en faut 496.

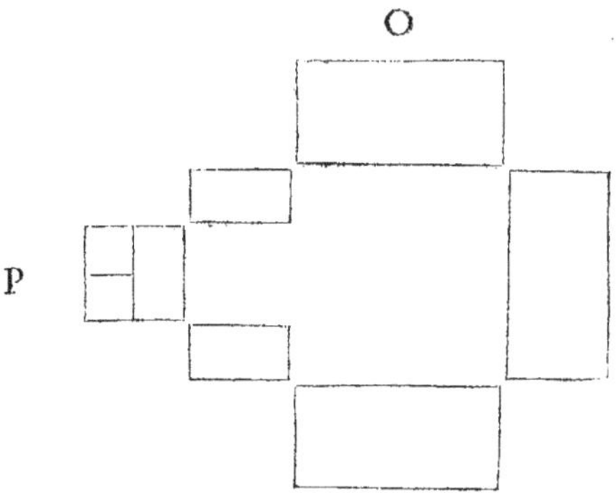

N

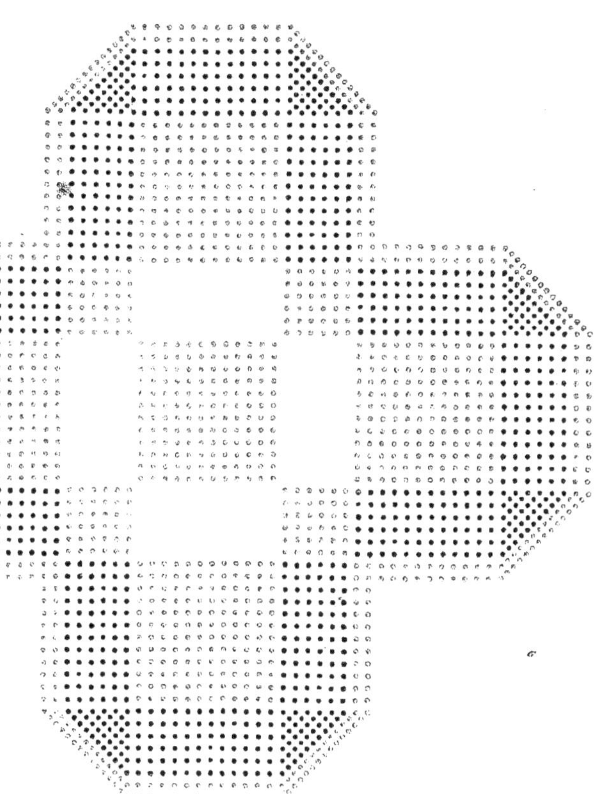

Qq

Si vous avez 2048 Piquiers pour faire cette grande Croix Q, faictes en quatre Bataillons egaux de 512 Piquiers chacun, à 16 de hauteur & 32 de front, & les mettez en croix comme monftre la figure R; Puis pour achever de former la Croix, il faut faire les commandemens qui fuiuent, & confiderer chaque branche d'icelle comme un Bataillon particulier, auquel vous les faictes. Prenez garde à vous tout le monde. Haut la pique. Les quarts de rangs des aifles ne bougent de leur terrain. Chefs de files des quarts de rangs du milieu, marchez jufqu'à ce que les Serre-files foient un pas plus avant que ceux qui n'ont bougé de fur leur terrain. Ceux qui ont marché prenez garde à vous. La demy-file de ceux qui ont marché ne bouge. Demy rang de main droicte de ceux qui ont marché, à droict. Demy rang de main gauche, à gauche. Ceux qui ont faict à droict & à gauche, marchez dans les angles qui font les plus proches de vous, où eftans ceux qui ont faict à droict feront à gauche, & ceux qui ont faict à gauche feront à droict, & la grande Croix fera formée, comme le tout eft reprefenté par la figure S.

Il y faut auffi 2192 Moufquetaires, qu'il faudra faire tenir à 25 ou 30 pas à la queuë defdits Bataillons, à la mefme hauteur des Piquiers; defquels vous prendrez 256 en 16 files & 16 rangs pour mettre dans le centre de chacune branche, qui font 1024 Moufquetaires pour les quatre; Plus 256 dans le centre de tout le Bataillon; 256 que vous partagerez en quatre parts egales, de 64 chacune, que vous mettrez aux quatre angles en dedans; & 656 defquels vous ferez les deux files de la bordure; Puis vous ferez ferrer les rangs & les files à la diftance ordinaire qu'on obferve pour combattre contre la Cavalerie; emouffer les angles, c'eft à dire les reduire en triangles; faire apprefter les Moufquetaires, & prefenter les Armes par tout.

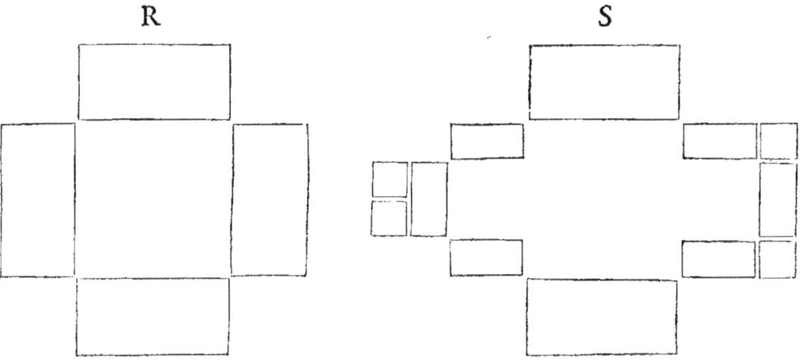

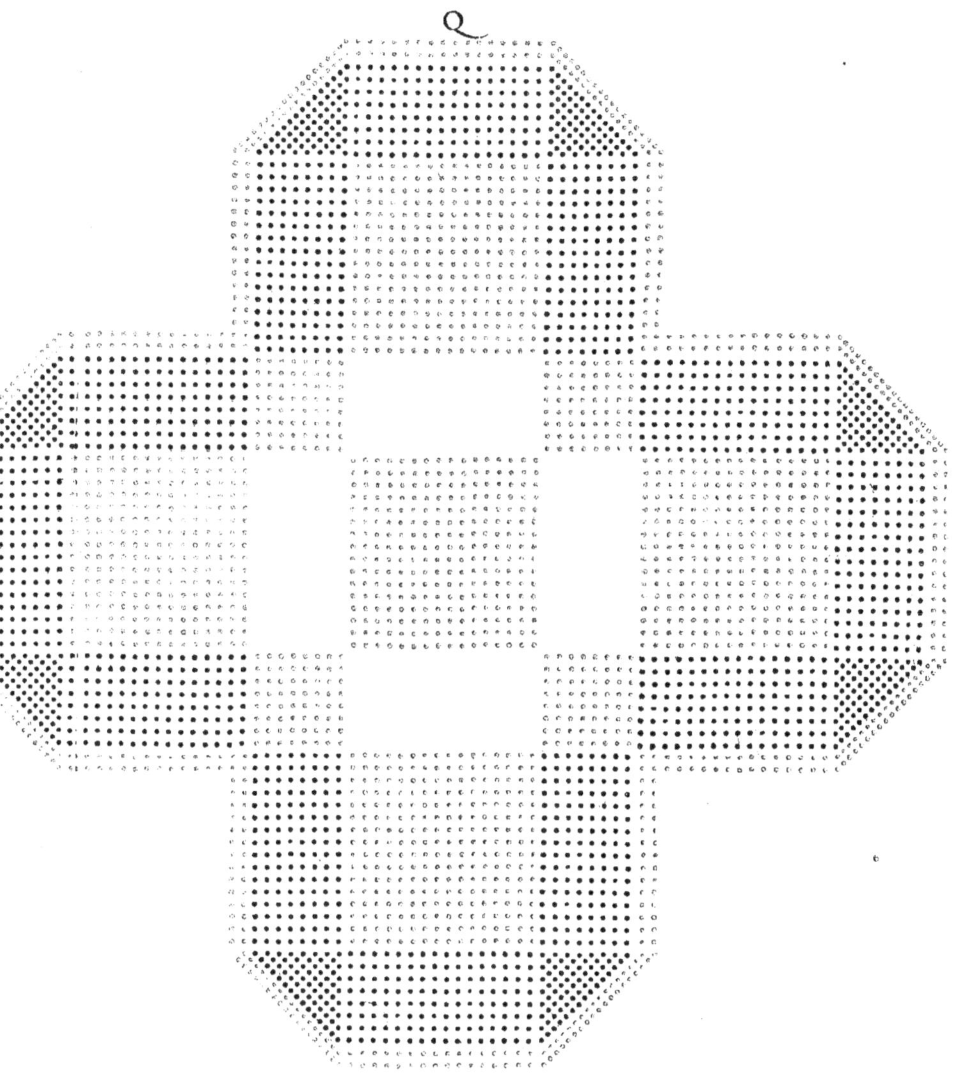

Cette Croix T, eſt ſemblable à la precedente, ſe forme de la meſme
façon, & eſt de meſme nombre de Piquiers, & de Mouſquetaires, excepté les quatre angles d'embas, repreſentez dans la figure V, par les
quatre petits quarrez X; pour leſquels il faut encore 256 Piquiers, qui
eſtant partagez en quatre parts egales, de 64 hommes chacune ſeront
placez dans leſdits angles, comme on void audit Batailon T; & c'eſt
de cette grande Croix que nous avons parlé dans le diſcours qui a pre-
cedé les Bataillons.

Il faut obſerver que les Capitaines, & Officiers, ſoient diſtribuez
aux faces, & aux angles des Bataillons, à fin de faire tirer les Mouſquetaires de la bordure, & pour remedier au deſordre qui pourroit arriver. Il faut qu'il y ait pareillement deux Officiers dais chaque centre, pour faire tirer les Mouſquetaires qui y ſont ſelon es Charges &
fauſſes charges qui ſeront faictes par la Cavalerie; & prendre bien garde avant que faire tirer les Mouſquetaires de dedans, que les Piquiers,
& les Mouſquetaires de la bordure qui ſeront devant eux, mettent le
genoüil en terre, leſquels pourront recharger pendant que ceux de dedans tireront. Tous les Commandemens doivent toûjours eſtre faicts
par un ſeul; tous les Tambours enſemble, aupres de luy, & le ſilence
obſervé. Cette inſtruction doit eſtre gardée en tous es Bataillons,
Octogones, Croix, ou autres figures formées pour combattre contre
la Cavalerie.

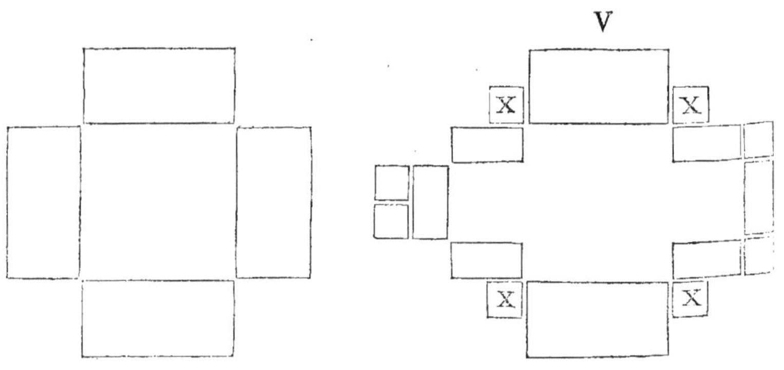

T

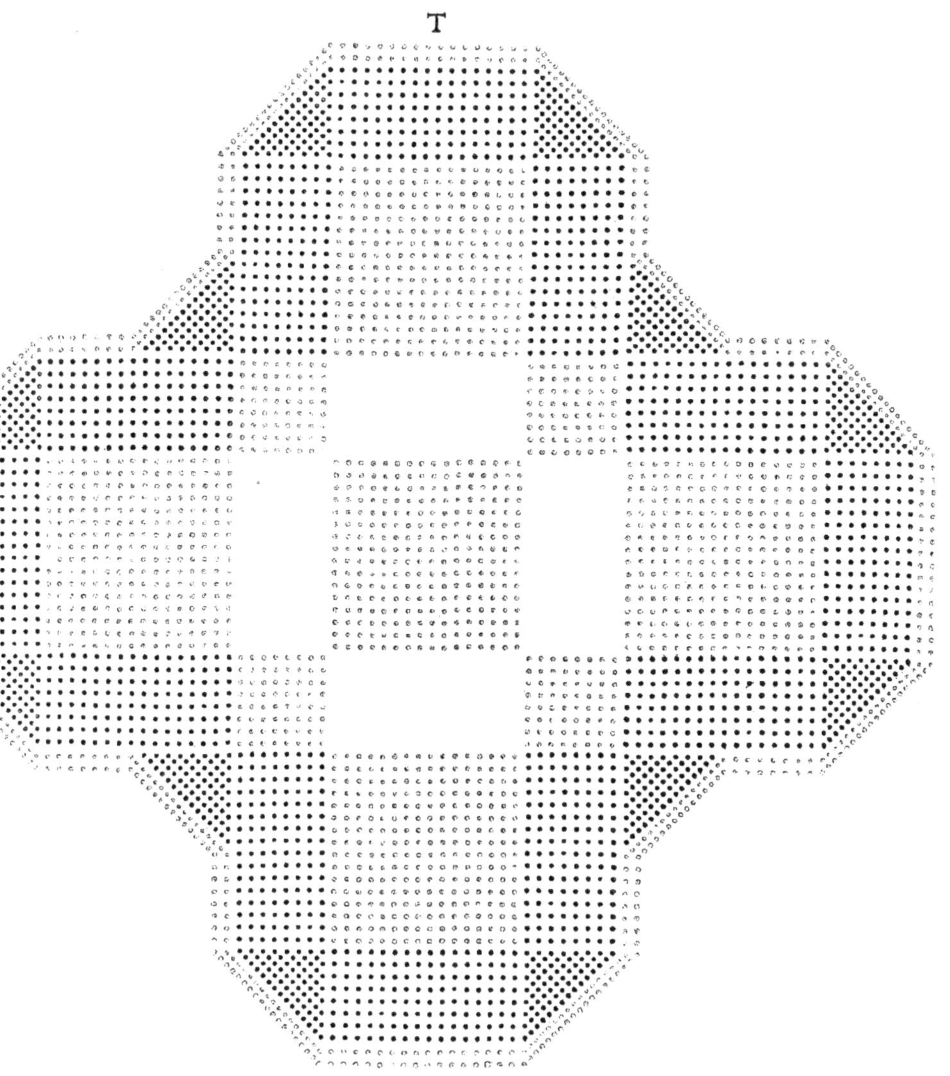

Cette Croix à trois branches , Y, eſt de 864 Piquiers, deſquels faut faire trois Bataillons egaux de 288 hommes chacun, à 12 de hauteur & 24 de front, & les mettre en Triangle comme on voit la figure Z ; puis prendre de chacun Bataillon 6 files à droiƈt & 6 à gauche & les laiſſer ſur leur terrain ; faire marcher les 12 files du milieu tant que le Serre-file ſoit un pas plus avant que les Chefs de files qui ſont demeurées ſur leur terrain ; couper les files qui ont marché à la demy-file ; partager la moitié qui eſt en dehors en deux parts egales de 36 hommes chacune, & les faire marcher dans les angles les plus proches d'eux , & la Croix à trois branches ſera formée. Il y a auſſi 936 Mouſquetaires qui doivent eſtre aux flancs du premier ordre des Piquiers, & à la meſme hauteur deſquels vous mettrez 144 dans le centre de chacune branche ; puis 120 qu'il faudra former en Triangle dans le centre de tout le Bataillon ; & 384 deſquels vous ferez les deux files de la bordure.

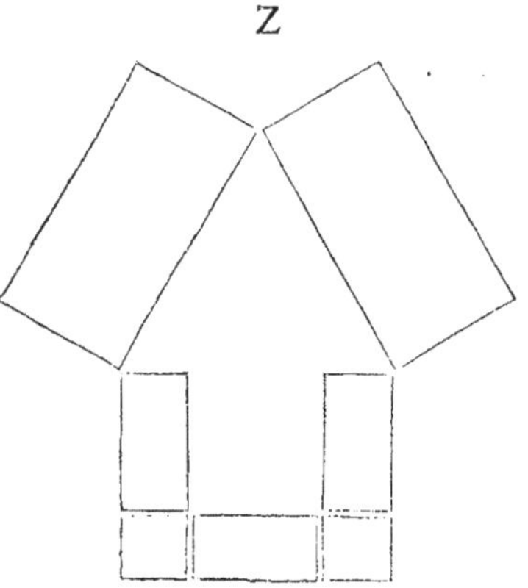

Y

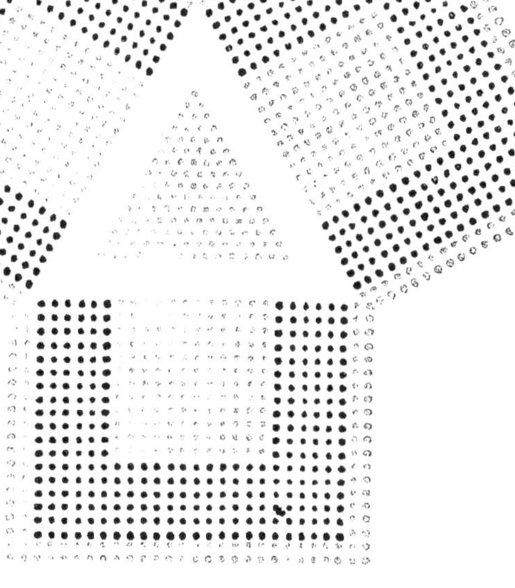

Ce Bataillon, A, eſt de 1300 Piquiers; pour le former il faut prendre
800 Piquiers, en faire quatre Bataillons egaux de 200 Piquiers chacun,
à 10 de hauteur & 20 de front, & les mettre en croix comme monſtre
la figure B; puis prendre de chacun 5 files à droiȼt & 5 à gauche & les
laiſſer ſur leur terrain; faire marcher les 10 files du milieu juſqu'à ce que
le dernier rang ſoit un pas plus avant que le premier des files qui ſont
demeurées ſur leur terrain ; couper les files qui ont marché à la demy-
file , pour de la moitié faire deux angles de 25 Piquiers chacun , & les
amener dans les encoingneures comme monſtre la figure C. Il y faut
auſſi 1360 Mouſquetaires, deſquels en faut mettre 100 dans le centre de
chacun Bataillon, qui ſont 400 pour les quatre ; plus 100 dans chaque
encoingneure de ladite croix C, qui ſont encore 400 ; plus cent dans
le centre de tous les Bataillons , qui ſont en tout neuf cens. Puis des
cinq cens Piquiers qu'il y a de reſte & qui doivent eſtre à 10 de hauteur
& 50 de front comme on void la figure D, il en faut prendre 125 pour
chaque encoingneure, & les mener de 5 en 5 files à l'entour des Mouſquetaires ; puis des 416 Mouſquetaires qui reſtent on fera les deux files
de la bordure. Ce Bataillon eſt tres-bon, & paraiſt beaucoup.

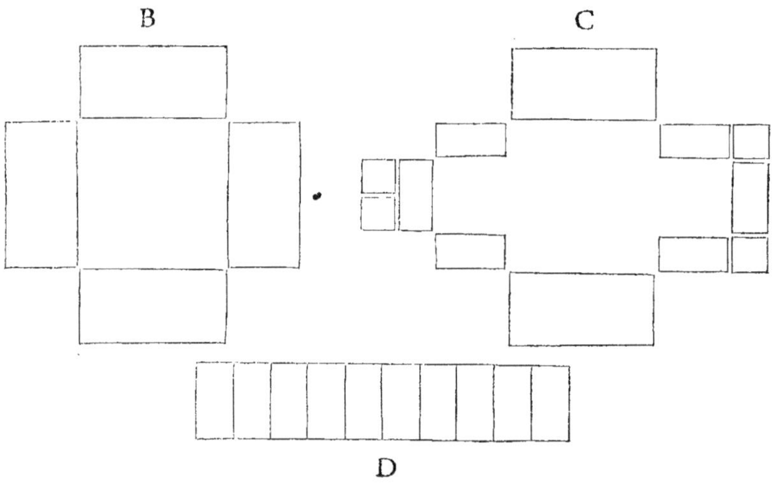

A

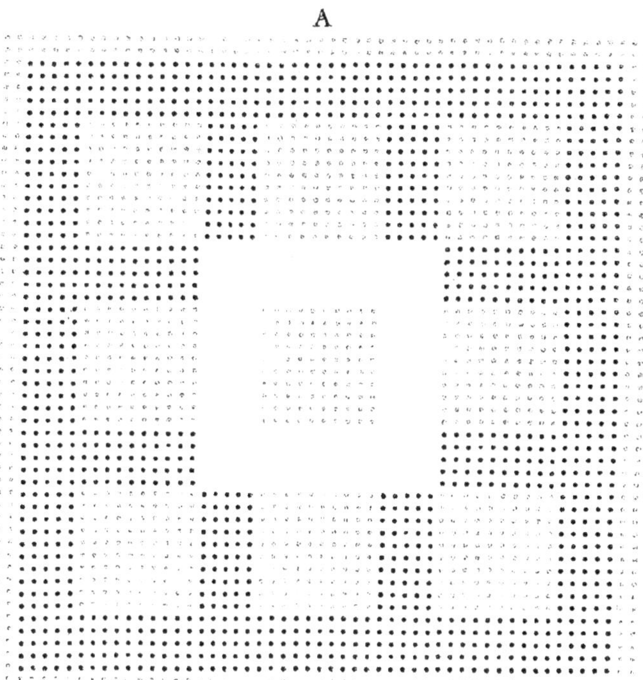

Si vous avez 108 Piquiers pour faire le Bataillon A, par cette feconde Regle, qui a le front triple de la hauteur, mettez les à 6 de hauteur & 18 de front, comme monftre la figure B ; puis prenez 3 files à droict & 3 à gauche, & les coupez à la demy-file pour faire les angles ; prenez encore 3 files à droict & 3 à gauche & les laiffez fur leur terrain ; coupez les 6 files du milieu à la demy-file, & en faictes marcher la moitié en avant & l'autre en arriere, jufqu'à ce que la croix, C, foit formée ; à lors amenez les angles en leur place, & le Bataillon fera formé. Il y faut auffi 148 Moufquetaires, à fçavoir 36 dans le centre, & 112 pour les deux files de la bordure.

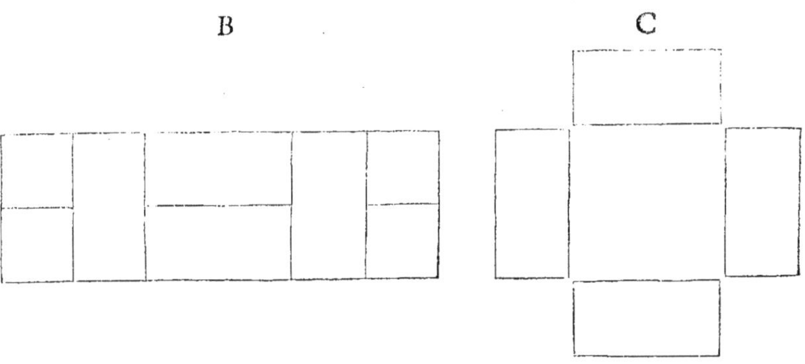

A

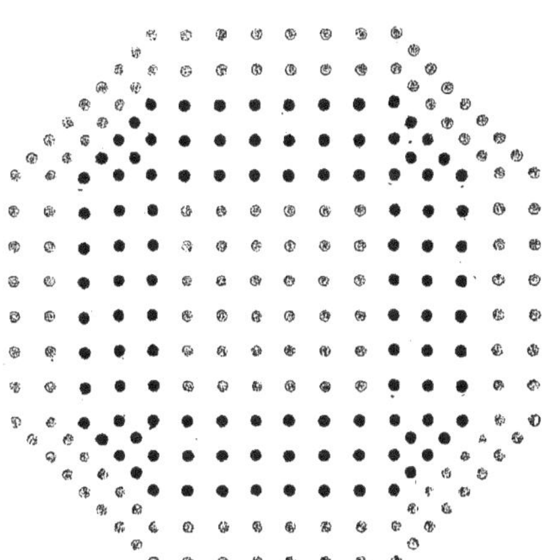

Ce Bataillon, D, eſt de 192 Piquiers ; pour le former il les faut mettre à 8 de hauteur & 24 de front, comme le monſtre la figure E ; puis
prendre 4 files à droict & 4 à gauche & les couper à la demy-file pour
en faire les angles ; prendre encore 4 files à droict & 4 à gauche & les
laiſſer ſur leur terrain ; couper les 8 files du milieu à la demy-file & en
faire marcher la moitié en avant & l'autre en arriere, juſqu'à ce que la
croix, F, ſoit formée ; amener les angles dans les encoingneures, & le
Bataillon ſera formé. Il y a auſſi 208 Mouſquetaires, qui doivent eſtre
à 8 de hauteur & 26 de front; deſquels vous mettrez 64 dans le centre,
& pour les deux files d'al'entour 144.

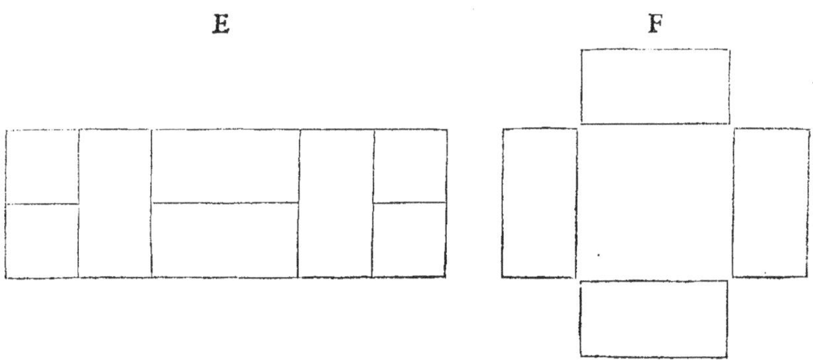

D

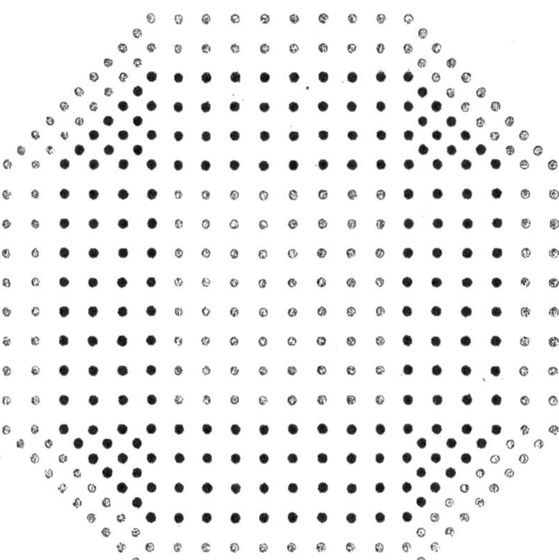

Si vous avez 300 Piquiers pour faire le Bataillon G, par cette feconde Regle, qui a le front triple de la hauteur, mettez les à 10 de hauteur
& 30 de front, comme monftre la figure B; puis prenez 5 filesà droiĉt,
& 5 à gauche, & les coupez à la demy-file pour faire les angles; prenez encore 5 files à droiĉt & 5 à gauche & les laiffez fur leur terrain;
coupez les 10 files du milieu à la demy-file, & en faiĉtes marcher la
moitié en avant & l'autre en arriere, jufqu'à ce que la Croix, C, foit
formée; à lors amenez les angles en leur lieu, & le Bataillon fera formé. Il y faut auffi 276 Moufquetaires, à fçavoir100dans le centre, &
176pour les deux files de la bordure.

B   C

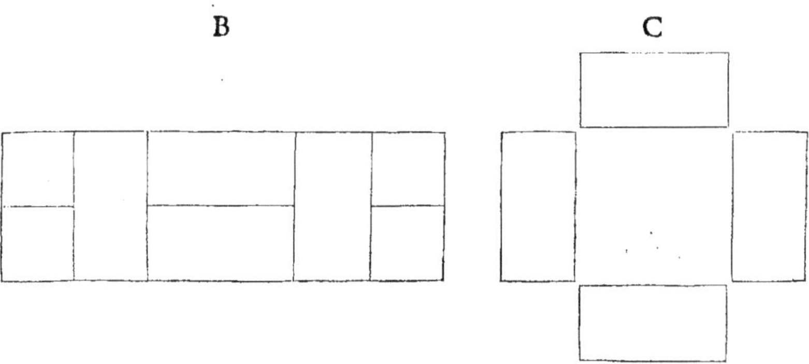

G

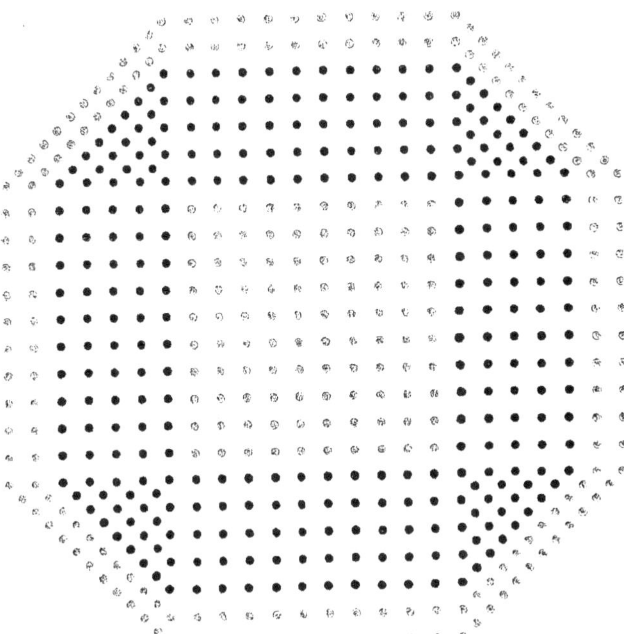

Ce Bataillon L , eſt de 432 Piquiers , deſquels faut faire un Bataillon à 12 de hauteur & 36 de front comme monſtre la figure M ; puis
pour en former un Octogone , par cette Regle , il faut faire les commandemens qui ſuivent.

Prenez garde à vous , Sergens. Avertiſſez la troiſieſme partie des files qui eſt dans le milieu. Ceux qui ont eſté avertis , Haut la pique.
La demy-file de ceux qui ont eſté avertis , demy tour à droict. Marchent tous ceux qui ont fait haut la pique juſqu'à ce que les derniers
rangs ſoient un pas plus avant que les Chefs de files & les Serre-files.
Avertiſſez la moitié des files qui ont demeuré ſur leur terrain , tant à
main droicte qu'à main gauche ſur les aiſles. Haut la pique ceux qui
viennent d'eſtre avertis. Demy-file de ceux qui viennent de faire haut
la pique, demy tour à droict. Marchez en avant & en arriere, & vous
placez dans les angles de la Croix.

Il faut 144 Mouſquetaires dans le centre, & 208 pour faire les deux
files de la bordure.

Le Bataillon eſtant formé, les Capitaines & Officiers voyant approcher les ennemis feront emouſſer les angles & preſenter les Armes par
tout.

Pour remettre les Piquiers en leur premiere forme , il faut, apres
avoir fait ſortir les Mouſquetaires du centre & ceux de la bordure, leur
faire ces commandemens. Haut la pique tout le monde. Les demy-
files de la troiſieſme partie du Bataillon qui eſt au milieu , & qui ont
faict les premieres demy tour à droict , demy tour à droict. Reprenez
vos rangs & vos files , tout le monde , & le Bataillon ſera remis ſelon
la figure M.

M

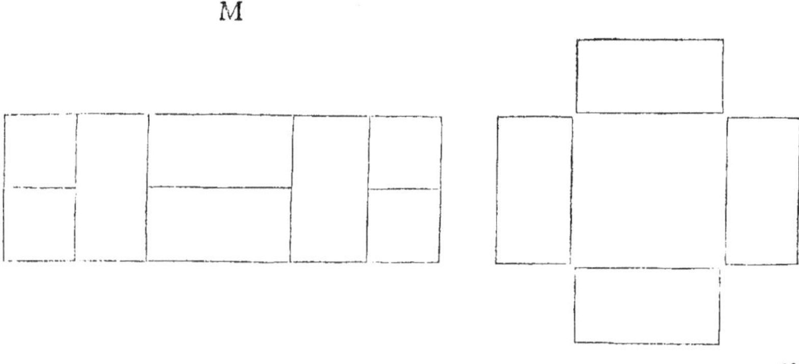

L

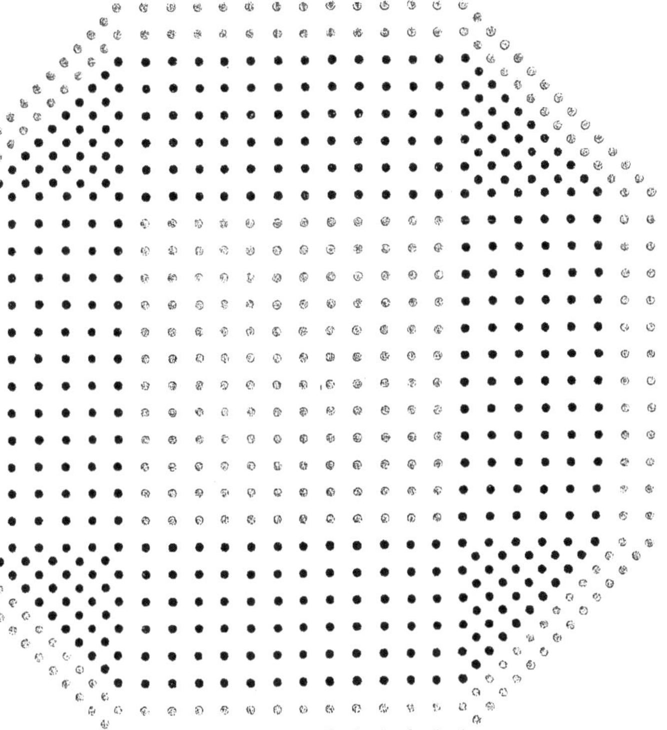

Cet Octogone, N, eſt de 768 Piquiers; pour le former ſuivant cette
Regle il les faut mettre à 16 de hauteur & 48 de front comme monſtre
la figure O; en prendre 8 files à droict & 8 à gauche & les couper à la
demy-file pour faire les angles; en prendre encore 8 files à droict & 8 à
gauche & les laiſſer ſur leur terrain; couper les 16 files du milieu à la
demy-file, & en faire marcher la moitié en avant & l'autre en arriere
pour faire la croix P; puis faire marcher les angles en leur place & le
Bataillon ſera formé. Il y faut auſſi 528 Mouſquetaires, à 16 de hauteur
& 33 de front; deſquels en faut faire entrer 256 dans le centre des Piquiers, & 262 pour faire les deux files de la bordure. Il y aura encore
10 Mouſquetaires de reſte, dont on ſe pourra ſervir à ce qu'on treuvera
à propos.

O   P

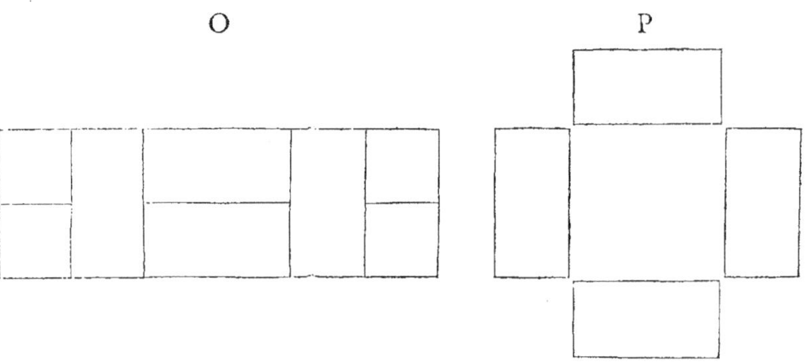

N

Si vous avez 1200 Piquiers pour faire le grand Octogone Q , il faut les mettre à 20 de hauteur & 60 de front comme monſtre la figure R ; en prendre 10 files à droict & 10 à gauche , qui eſtant coupées aux de-my‑files feront pour faire les quatre angles ; prendre encore 10 files à droict & 10 à gauche & les laiſſer ſur leur terrain ; & apres avoir coupé les 20 files du milieu à la demy‑file , en faire marcher une moitié en avant & l'autre en arriere juſqu'à ce que la croix S ſoit formée ; puis amener les angles dans les encoigneures , & le Bataillon ſera formé .

Il faut 800 Mouſquetaires, à 20 de hauteur & 40 de front; deſquels faut prendre 10 files à chaque flanc , qui font 400 , & les faire paſſer dans le centre, par les intervales des Piquiers; & 336 pour faire les deux files de la bordure ; faire emouſſer les angles , appreſter les Mouſque-taires, & preſenter les Armes par tout ; Mais s'il faut marcher en pre-ſence des Ennemis , il faudra que le Bataillon reprenne ſa forme quar-rée, les Mouſquetaires appreſtez , & les rangs ſerrez juſqu'à la poincte de l'eſpée .

Les Capitaines & Officiers feront diſtribuez à toutes les faces du Bataillon ; & celuy qui commande aura tous les Tambours aupres de luy en l'une des faces , à fin de faire battre l'allarme quand il faudra preſenter les Armes ; à quoy on doit ſoigneuſement uſiter les Soldats; & meſmes leur faire entendre que lors qu'il ſera beſoin de marcher, c'eſt à dire quand on battra aux champs , ils tournent tous le viſage du coſté qu'on battra la marche .

Si on a le temps & que le pays le permette, on pourra defiler le Ba-taillon à tel nombre de files qu'on jugera à propos .

Cette façon de marcher & de combattre ſe doit obſerver en tous les Bataillons qui ſont formez pour ſe defendre contre la Cavalerie .

R   S

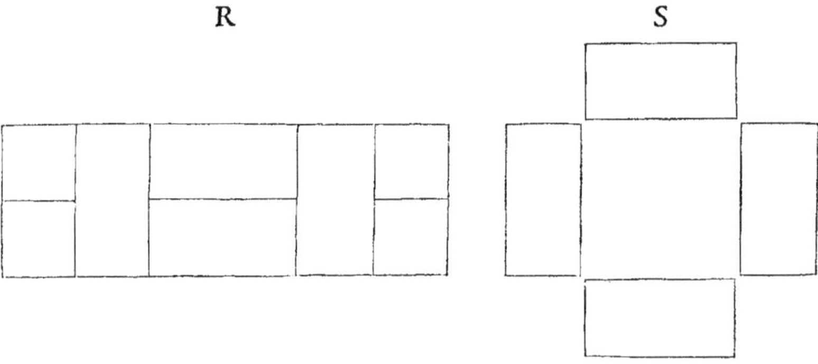

Pour faire la grande croix citadelle , T, il faut 1200 Piquiers ; faire quatre Bataillons egaux de 300 Piquiers chacun, à 10 de hauteur & 30 de front, & les mettre en croix comme monftre la figure V; puis prendre de chacun 10 files à droiét & 10 à gauche & les laiffer fur leur terrain ; faire marcher les 10 files du milieu tant que le dernier rang foit plus avancé d'un pas que le premier des files qui font demeurées fur le terrain, & les couper à la demy-file pour en faire deux parts egales de 25 hommes chacune, qu'il faudra faire marcher l'une à droiét & l'autre à gauche jufqu'aux angles des 10 files du milieu ; maintenant des 10 files qui font demeurées à droiét & autant à gauche fur le terrain il en faut prendre 5 files de chaque cofté & les faire marcher jufqu'à ce que le premier rang foit autant avancé qu'eft le premier des 25 hommes qui font en quarré aux angles ; puis faire r'approcher les quatre branches de la croix & le Bataillon fera formé. Il faut 25 Moufquetaires dans chacune des encoingneures ; 100 dans le centre de chacune branche ; 25 dans chacune des encoingneures en dedans; 100 dans le centre de la croix ; & 760 pour les deux files de la bordure ; faire emouffer les angles & prefenter les Armes par tout. Ce Bataillon eft un des plus forts qui fe faffent contre la Cavalerie.

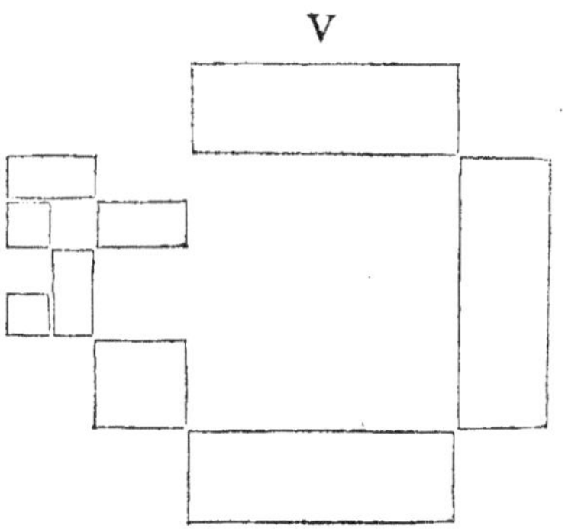

T

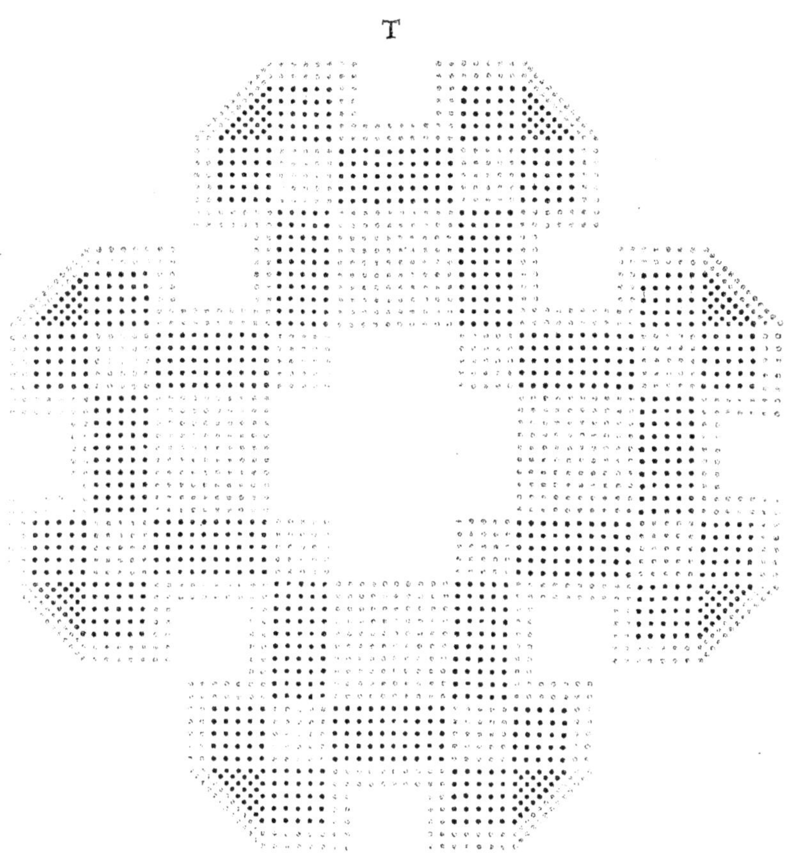

Encore que nous ayons laiſſé le centre de ce Bataillon vuide, s'il ſe trouvoit qu'il y euſt des Mouſquetaires de reſte on y en pourroit faire entrer 100, comme nous avons dit en l'explication d'iceluy.

Ce Bataillon, Y, eſt de 1200 Piquiers; pour le former il en faut faire quatre Bataillons egaux, de 300 Piquiers chacun, à 10 de hauteur & 30 de front, & les mettre en croix comme monſtre la figure Z ; & parce que les angles ſont vuides on peut mettre une ou deux petites pieces de campagne dans chacun , comme on void audict Bataillon. Il faut neuf cens Mouſquetaires dans le centre du Bataillon, & 432 pour faire les deux fiies de la bordure. On pourra facilement marcher en cet ordre & ſe retirer de devant la Cavalerie en cas qu'on en ſoit pourſuivy.

Z

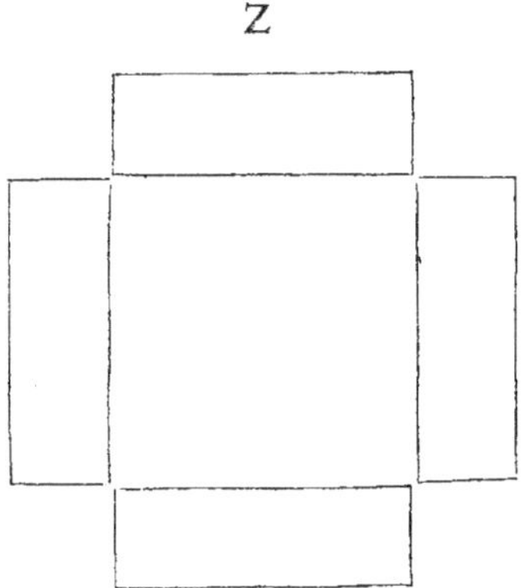

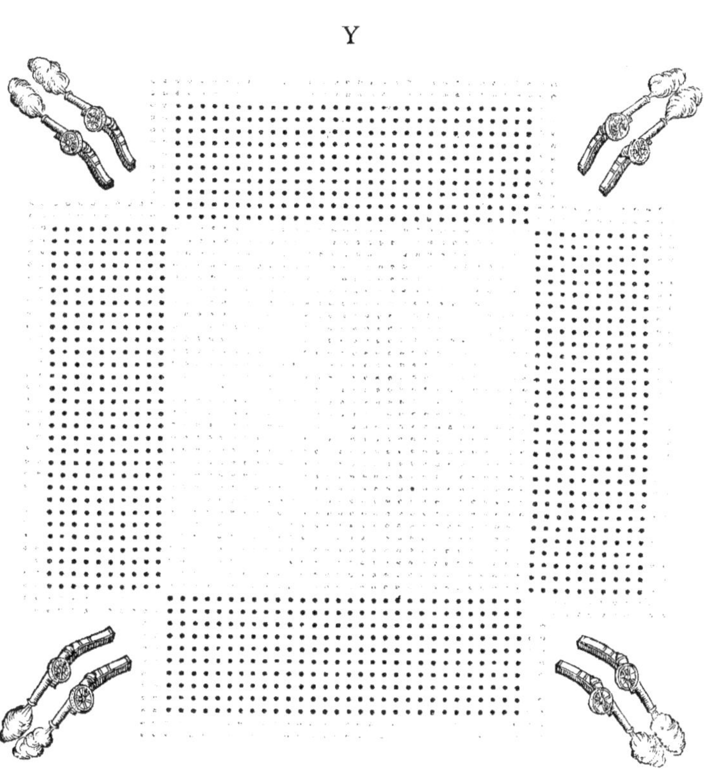

Ce Bataillon, Z, est de mesme nombre que le precedent, & se forme de la mesme façon ; & parce que les angles sont vuides on pourra
mettre dans châcun un chariot, ou deux, au lieu qu'en l'autre nous
avons mis des canons.

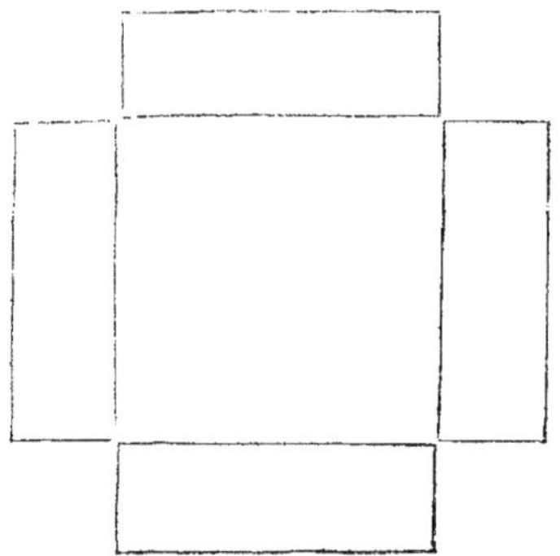

Z

Si vous voulez former l'Octogone, A, par cette trois-iefme Regle, de laquelle le front a quatre fois la hauteur, il faut avoir 256 Piquiers, les mettre à 8 de hauteur & 32 de front, comme monftre la figure B; puis faire les commandemens qui fuivent. Haut la pique demy-rang de main gauche. A droict par demy-rang doublez vos files. Haut la pique tout le monde. Demy-file demy tour à droict. Marchez tout le monde. Ceux qui eftoient quarts de rangs avant que marcher font à prefent demy-rangs. Demy-rang de main droicte, à droict. Demy-rang de main gauche, à gauche. Marchez tout le monde. Il faut prendre garde que les demy-rangs & les demy-files foient ouverts en egale diftance, & qu'il n'y ait d'ouverture que ce qu'il en faut pour placer la quatriefme partie de châcun des quarrez qui viennent d'eftre faicts. Mettez la pique en terre. Avertiffez le demy-rang & la demy-file de chaque quarré en dedans, pour marcher dans les diftances qui ont efté laiffées entre les demy-files, & les demy-rangs, & monftrez à chaque quarré la diftance qu'il doit occuper. Ceux qui ont efté avertis, haut la pique. Marche chaque petit quarré à la place qui luy a efté marquée. Le tout fe void par la figure C. Ce qu'eftant faict, il ne faudra qu'efmouffer les angles & le Bataillon fera formé. On voit affez la quantité des Moufquetaires qu'il y a tant dans le centre qu'à la bordure.

Pour remettre le Bataillon à fon premier Ordre, voicy les commandemens qu'il faut faire. Haut la pique. Les quatre petits quarrez qui ont marché les derniers, remettez vous à vos places. Demy-files, demy tour à droict. Marchez Demy-files jufqu'à un pas pres des Serre-demy-files. Demy-rang qui avez doublé à droict, prenez garde à vous. Demy-rang, à gauche, remettez vos files, & le Bataillon fera remis.

B   C

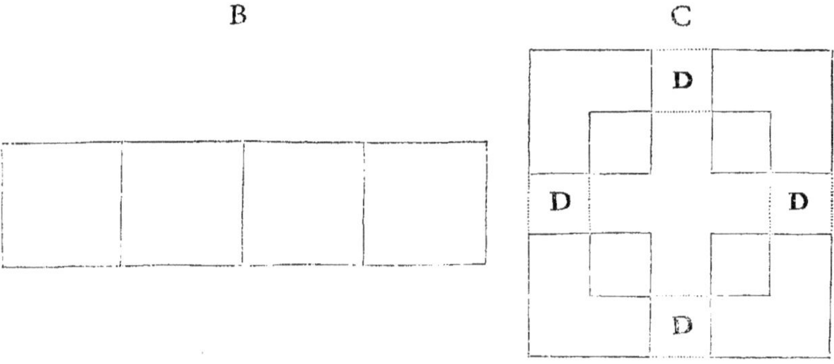

A

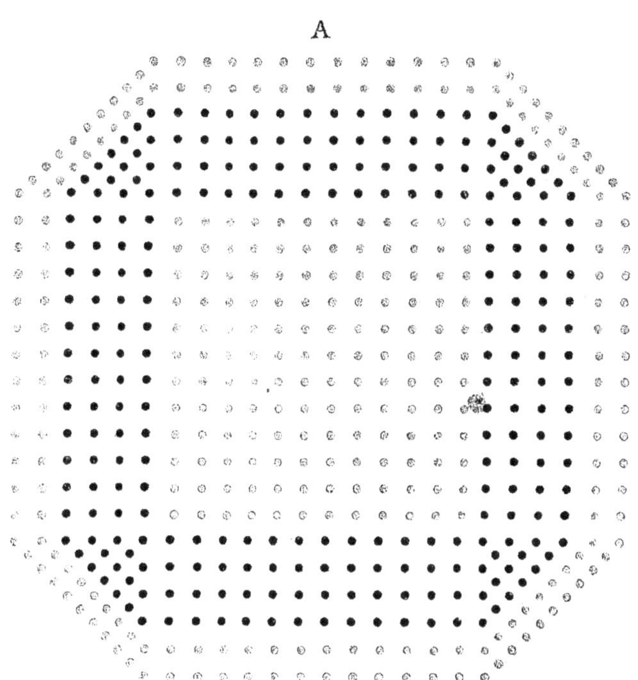

Ce Bataillon, E, est de 576 Piquiers ; pour le former il les faut mettre à 12 de hauteur & 48 de front, comme monstre la figure F, laquelle estant coupée aux quarts de rangs on en fera quatre Bataillons, qu'il faudra separer l'un de l'autre de six pas de distance, comme on void qu'ils sont en la figure G ; puis prendre de châque Bataillon 36 hommes en dedans, qui seront en 6 files & 6 rangs, & les faire marcher dans châcune des distances qui ont esté laissées entre lesdits quatre Bataillons, comme monstre D, & le Bataillon sera formé. Il faut aussi 580 Mousquetaires aux flancs des Piquiers, au premier ordre, & à la mesme hauteur ; desquels en faut mettre 324 dans le centre ; & 256 pour faire les deux files de la bordure ; faire emousser les angles, & presenter les Armes par tout.

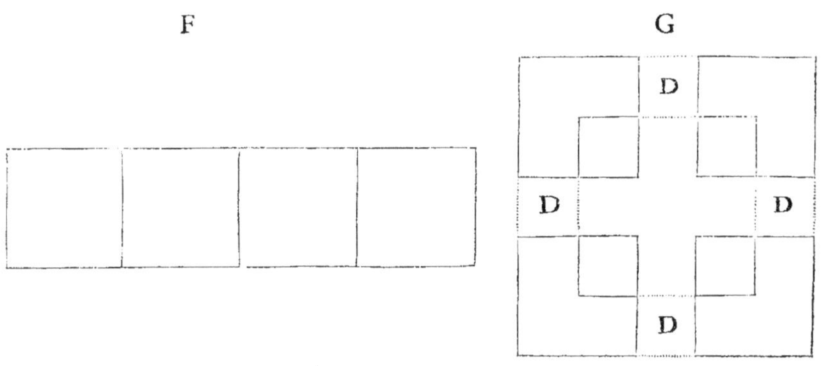

E

Ce Bataillon H, est de 2000 Piquiers ; pour le former il en faut faire
quatre Bataillons egaux de 400 Piquiers châcun, à 10 de hauteur & 40
de front, & les mettre en croix, comme monstre la figure I ; puis des
400 Piquiers qui sont restez en faire un Bataillon à 20 de hauteur & 20
de front comme monstre la figure L, lequel estant coupé en quatre
parts egales sera pour faire les angles, qu'il faudra faire marcher à leur
place & le Bataillon sera formé. Il faut 1600 Mousquetaires dans le
centre, & 496 pour faire les deux files de la bordure.

I   L

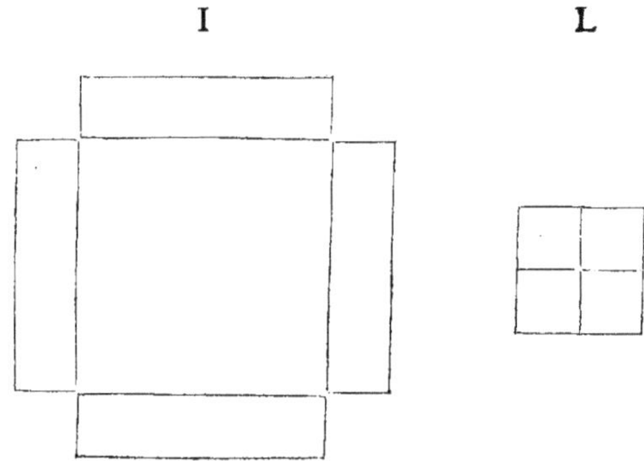

I

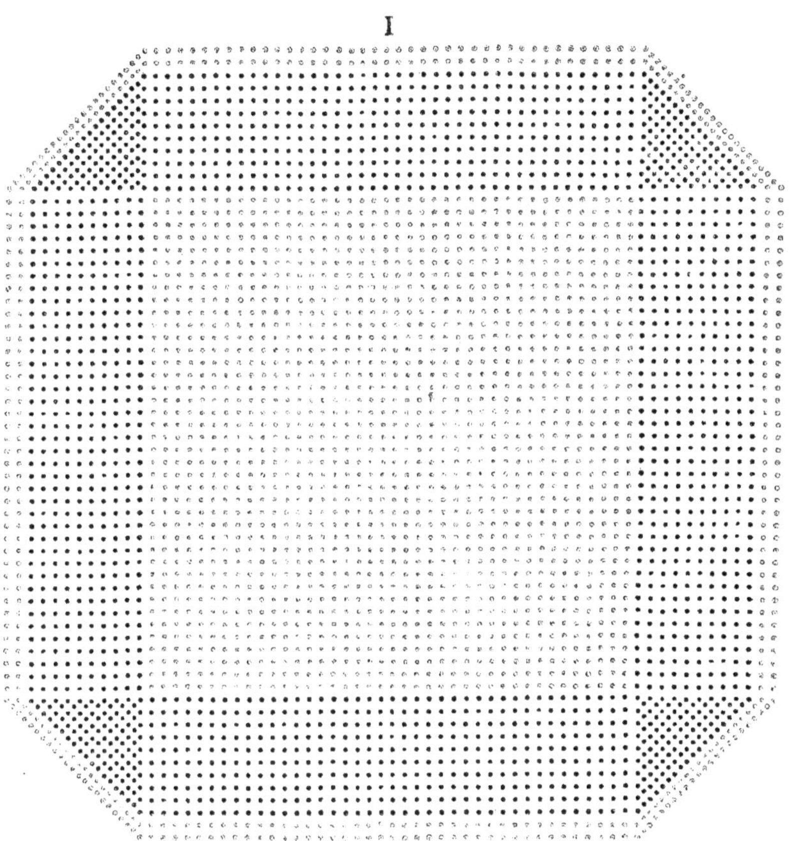

Vu

Si vous avez 144 Piquiers pour faire le Bataillon Radieux, N, mettez les à 6 de hauteur & 24 de front, comme monſtre la figure O,
prenez en 3 files à droict & 3 files à gauche pour couvrir deux encoingneures, prenez encore 3 files à droict & 3 files à gauche pour couvrir
les deux autres encoingneures : puis prenez 3 files à droict & 3 à gauche qui demeureront ſur leur terrain ; coupez les 6 files du milieu à la
demy file, & en faictes marcher une moitié en avant & l'autre en arriere pour former la croix P ; couvrez les encoingneures comme monſtre la figure N, & le Bataillon ſera formé. Il faut mettre 9 Mouſquetaires dans chacun des angles ; 36 dans le centre du Bataillon ; & 136
pour en faire la bordure, qui font en tout 208 Mouſquetaires.

O   P

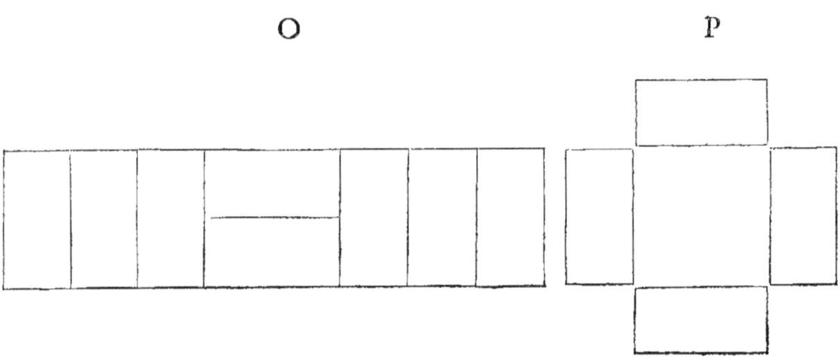

N

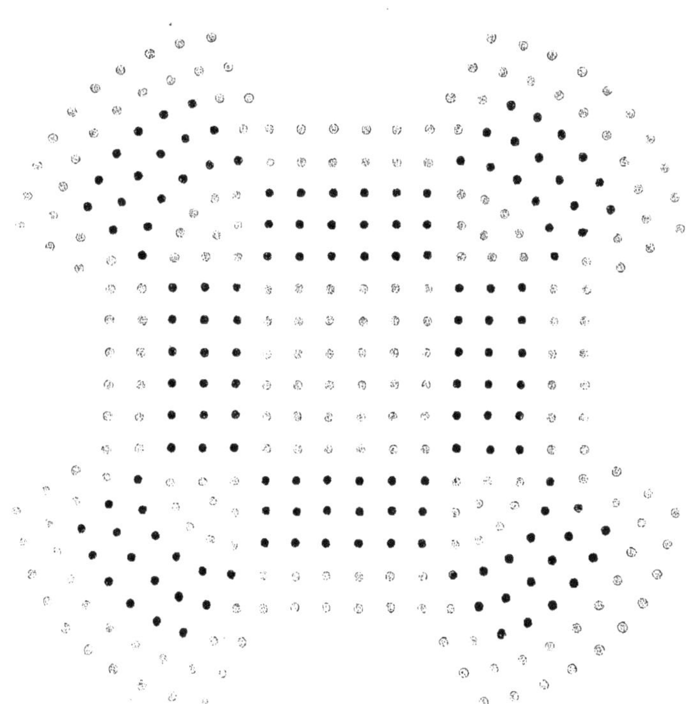

Ce Bataillon Q, eſt de 572 Piquiers ; pour le former il les faut mettre à 12 de hauteur & 48 de front , comme monſtre la figure R ; en prendre 6 files à droiƈt & 6 à gauche pour couvrir deux angles ; prendre encore 6 files à droiƈt & 6 à gauche pour couvrir les deux autres angles ; puis prendre encore 6 files à droiƈt & 6 à gauche & les laiſſer ſur leur terrain ; couper les 12 files du milieu à la demy-file, & en faire marcher une moitié en avant & l'autre en arriere à fin d'en former la croix S ; ce qu'ayant faiƈt il ne faudra plus que couvrir les angles du Bataillon, & il ſera formé. Il y a 36 Mouſquetaires dans châcun des angles ; 144 dans le centre du Bataillon ; & 296 pour faire les deux files de la bordure ; qui ſont en tout 584 Mouſquetaires.

R   S

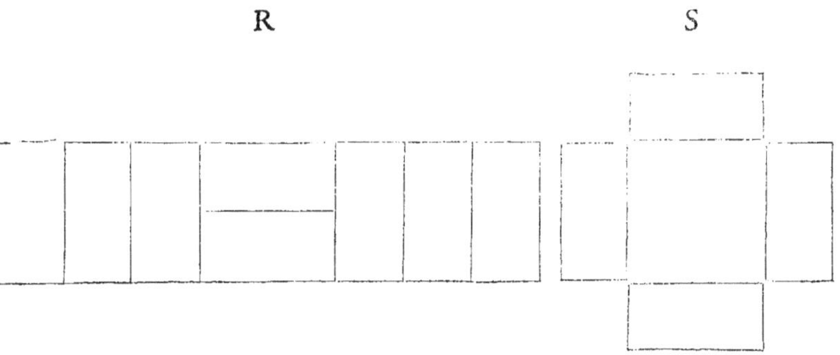

Q

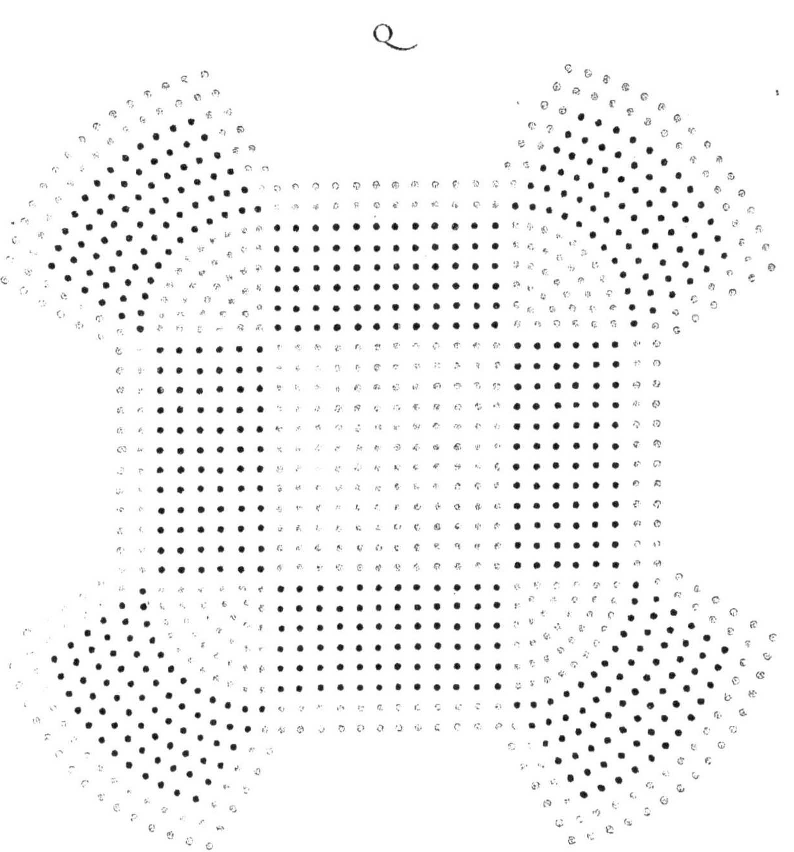

Si vous avez 576 Piquiers pour faire la Croix du Sainct Esprit, A,
mettez les à 12 de hauteur & 48 de front, comme monstre la figure B,
faictes-en quatre Bataillons egaux de 144 Piquiers chacun & en formez
la croix C; ce qu'ayant faict prenez de chaque Bataillon 4 files à droit
& 4 à gauche & les laissez sur leur terrain; & apres avoir coupè les 4
files du milieu en trois parts egales de 16 Piquiers chacune, vous ferez
marcher vers le centre la partie la plus proche d'iceluy, comme monftre la lettre D; puis vous ferez marcher les deux autres parties vers le
front, jusqu'à ce que la derniere soit à la place de la premiere, où elle
doit demeurer, & menerez la premiere à un des angles d'enbas, comme
monstre la lettre E, & la Croix du Sainct Esprit sera formée. Il faut
aussi 504 Mousquetaires aux flancs des Piquiers à la mesme hauteur &
42 de front, desquels vous mettrez 32 en 4 files & 8 rangs dans le centre de chaque branche; 64 que vous partagerez en quatre parts egales
de 16 chacune, pour mettre dans les quatre angles au-tour du centre;
& 304 pour faire les deux files de la bordure. Ce Bataillon est estimé
des plus forts & des meilleurs.

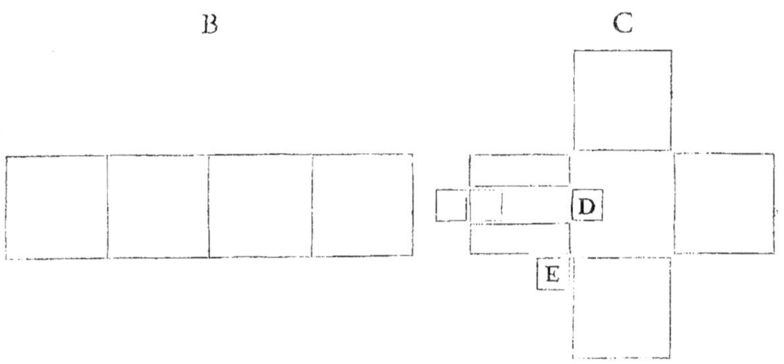

A

Ce Bataillon, E, eſt de 576 Piquiers ; pour le former il les faut met‐
tre à 12 de hauteur & 48 de front, comme monſtre la figure F, laquel‐
le eſtant coupée en quatre parts egales on en fera quatre Bataillons
egaux de 144 Piquiers chacun , qu'il faudra mettre en croix comme
monſtre la figure G; puis de 12 files qu'il y a en chaque Bataillon il en
faut prendre 4 à droiɛt & 4 à gauche, deſquelles il faut couper 4 rangs
à la teſte , qui ſerviront à couvrir une des encoingneures , laiſſant les
8 autres rangs ſur leur terrain ; puis faire marcher les 4 files du milieu
tant que le dernier rang ſoit plus avancé d'un pas que le premier des
8 rangs qui ſont demeurez ſur leur terrain, comme monſtre la lettre
H; ce qu'eſtant faiɛt il ne faudra plus que couper les 8 premiers rangs
des files qui ont marché pour en couvrir une autre encoingneure , &
le Bataillon ſera formé. Il faut auſſi 752 Mouſquetaires à 12 de hauteur
& 63 de front, deſquels en faut mettre 32 en 4 files & 8 rangs, dans le
centre de chacune branche; plus 80 qu'il faut partager en 5 parts ega‐
les de 16 chacune pour mettre dans le centre du Bataillon; plus 16 dans
chacun des 8 angles en dehors ; & 416 pour faire les deux files de la
bordure ; faire appreſter les Mouſquetaires , & preſenter les Armes
par tout.

F   G

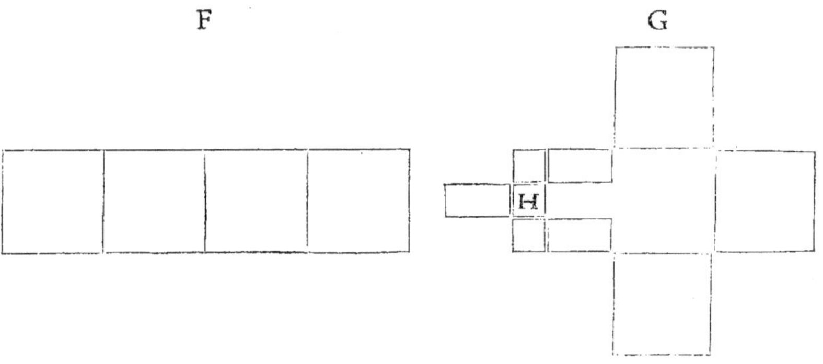

E

X x

Si vous avez 180 Piquiers pour faire le Bataillon **A** , par cette quatriefme Regle qui a le front quintuple de la hauteur, mettez les à 6 de
hauteur & 30 de front, comme monftre la figure B ; prenez en 3 files
à droi& & 3 à gauche , & les coupez à la demy-file pour faire les angles ; prenez en encore 6 files à droi& & 6 à gauche & les laiffez fur
leur terrain; coupez les 12 files du milieu à la demy-file, & en fai&es
marcher une moitié en avant & l'autre en arriere, tant que la croix **C**
foit formée ; & parce qu'il eft demeuré 6 files à droi& & 6 à gauche
fur leur terrain, vous en prendrez 3 files à droi& & 3 à gauche, & les ferez doubler fur les 3 autres files comme monftre D en la mefme figure;
puis vous ferez marcher les angles en leur place, & le Bataillon fera
formé. Il faut auffi 306 Moufquetaires à 6 de hauteur & 52 de front,
qui doivent eftre aux flancs du Bataillon de Piquiers au premier ordre,
defquels vous prendrez 12 files de châque flanc que vous ferez doubler
par files ou par rangs, à fin qu'il y ait 12 rangs, que vous ferez entrer
dans le centre du Bataillon par les intervales des Piquiers ; & 160 defquels vous ferez les deux files de la bordure.

B	C

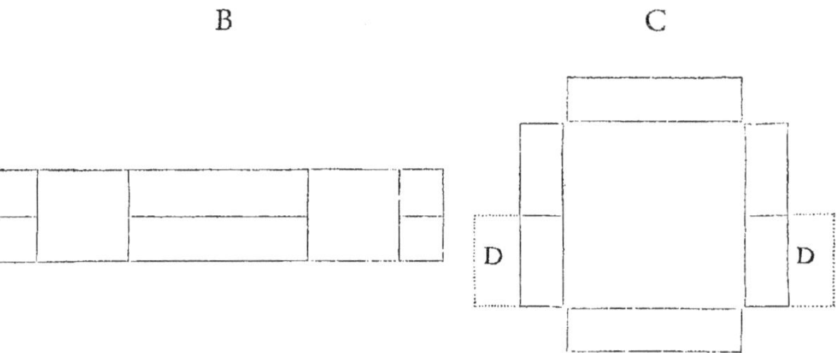

A

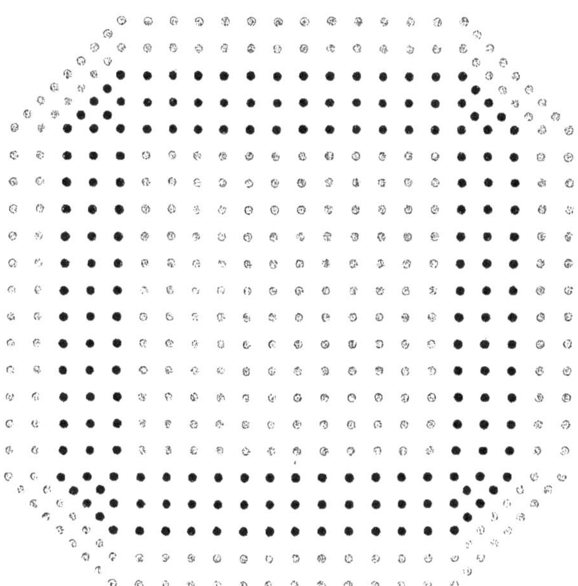

Ce Bataillon, E , eſt de 320 Piquiers ; pour le former ſuivant cette Regle il les faut mettre à 8 de hauteur & 40 de front comme monſtre la figure F ; en prendre 4 files à droict & 4 à gauche, & les couper à la demy-file pour faire les angles ; en prendre encore 8 files à droict & 8 à gauche & les laiſſer ſur leur terrain ; couper les 16 files du milieu à la demy file, & en faire marcher la moitié en avant & l'autre en arriere, pour faire la croix G ; puis faire doubler par demy-rang les 8 files qui ſont demeurées à droict & à gauche ſur leur terrain, comme monſtre la figure D ; faire marcher les angles en leur place, & le Bataillon ſera formé. Il faut 464 Mouſquetaires, à 8 de hauteur & 51 de front ; deſquels en faut prendre 16 files de châque flanc , & apres les avoir faict doubler par demy-rang, à fin qu'ils ſoient à 16 de hauteur, les faire paſſer par les intervales des rangs dans le centre du Bataillon ; & 192 pour faire les deux files de la bordure ; emouſſer les angles , faire appreſter les Mouſquetaires, & preſenter les Armes par tout.

F   G

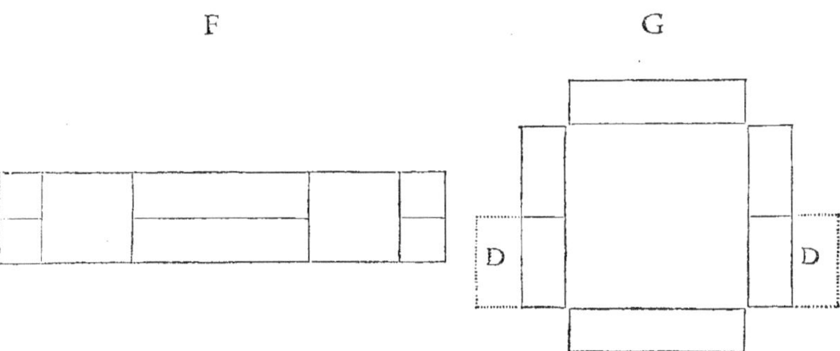

E

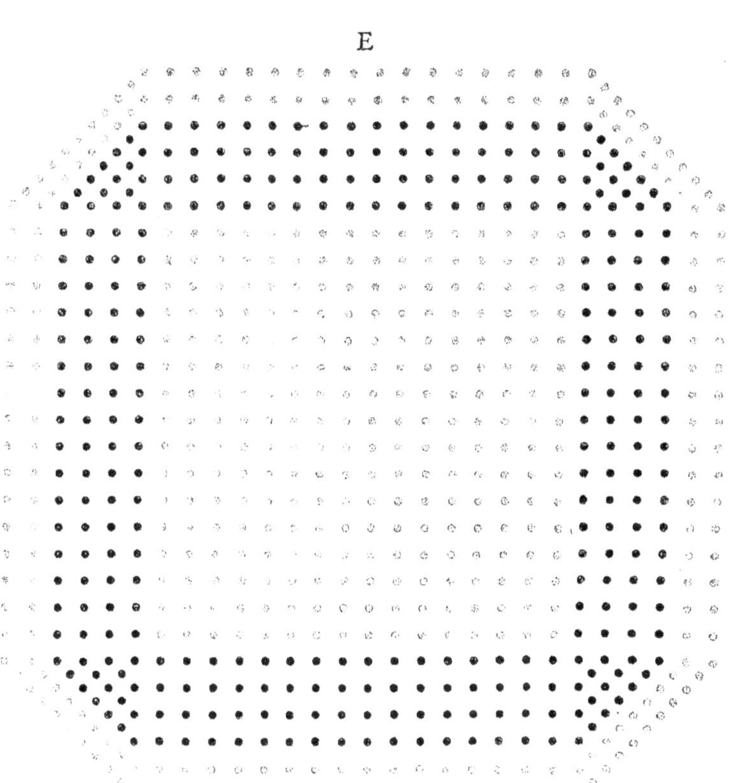

Ce Bataillon H , est de 500 Piquiers ; pour le former suivant cette
Regle il les faut mettre à 10 de hauteur & 50 de front comme monstre
la figure I ; en prendre 5 files à droict & 5 à gauche & les couper à la
demy-file pour faire les angles ; en prendre encore 10 files à droict & 10
à gauche & les laisser sur leur terrain ; couper les 20 files du milieu à la
demy-file, & en faire marcher la moitié en avant & l'autre en arriere
pour faire la croix L ; puis faire doubler par demy-rang les 10 files qui
sont demeurées à droict & à gauche sur leur terrain , comme on void
la figure D ; faire marcher les angles en leur place & le Bataillon sera
formé. Il faut aussi 660 Mousquetaires, à 10 de hauteur & 66 de front ;
desquels en faut faire entrer 400 dans le centre des Piquiers , & 256
pour faire les deux files de la bordure.

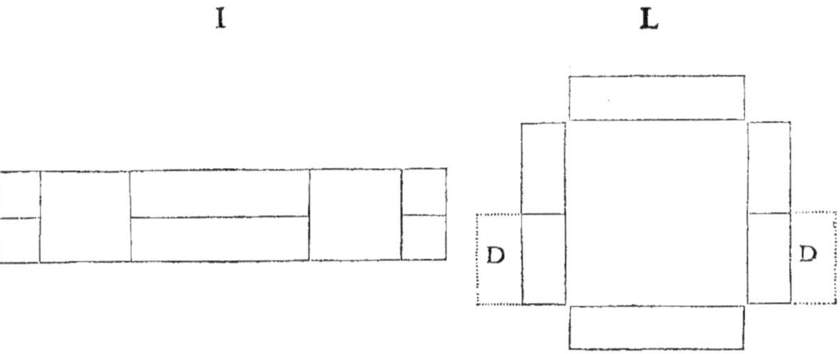

H

Il n'y a point de Regle si generale pour former les Bataillons contre la Cavalerie qu'est celle-cy, de laquelle le front est quintuple de la hauteur; pouvant avec facilité donner huict ou dix formes differentes à un mesme Bataillon.

Pour former l'Octogone, M, le Bataillon estant au premier Ordre, à sçavoir de 720 Piquiers, à 12 de hauteur & 60 de front, comme nous avons monstré par les figures precedentes ; & 888 Mousquetaires, à la mesme hauteur, aux deux flancs des Piquiers, il faut faire les commandemens qui suivent.

Prenez garde à vous Piquiers. Les 6 files de main droicte, & les 6 files de main gauche, haut la pique. La demy file de ceux qui ont faict haut la pique, demy tour à droict. Marche tout ce qui a faict haut la pique, jusqu'à 10 pas hors du Bataillon. Les 12 files de main droicte, & les 12 files de main gauche, haut la pique. Ceux qui ont faict haut la pique, prenez garde à vous. Demy rang de main droicte, à gauche doublez vos files par teste & par queuë. Demy rang de main gauche, à droict doublez vos files par teste & par queuë. Les 24 files qui sont demeurées dans le milieu, haut la pique. Demy file des 24 files du milieu, demy tour à droict. Marchez les 24 files du milieu jusqu'à ce que vous soyez plus avancez d'un pas que celles qui viennent de doubler par demy rang, & qui n'ont bougé de sur leur terrain . Puis continuer : Les 6 files qui ont marché les premieres dix pas hors du Bataillon, prenez garde à vous. Demy tour à droict, & marchez dans les angles du Bataillon, où estant faictes encore demy tour à droict. Les 12 files de main droicte, qui ont doublé par demy rang, à droict. Les 12 files de main gauche, qui ont doublé par demy rang, à gauche ; & le Bataillon sera formé. Quant aux Mousquetaires, la figure faict assez bien voir comme on les doit placer.

Pour remettre le Bataillon, il faut remettre les Mousquetaires les premiers, en commandant, Mousquetaires reprenez vos files & vos rangs. Et aux Piquiers, qui forment toûjours le corps du Bataillon, il leur faut faire les commandemens suivans. Les 6 files qui remplissent les angles, marchez hors du Bataillon. Ceux qui ont doublé par demy-rang, à droict, & à gauche, remettez vos rangs. Les 24 files du milieu, demy tour à droict. Ceux qui ont faict demy tour à droict, marchez à vos places dans le milieu, où estant les Chefs de files feront encore demy tour à droict. Les 6 files qui ont marché hors des angles, demy tour à droict, & marchez à vos places, où estant les Chefs de files feront encore demy tour à droict ; à lors le Bataillon sera remis.

M

Si vous avez 320 Piquiers pour faire le Bataillon A, il les faut mettre à 8 de hauteur & 40 de front, comme monſtre la figure B, les partager en cinq parts egales, de 8 files & 8 rangs châcune ; puis de 4 en former la figure C ; & de la cinquieſme mettre deux files à l'entour du centre. Il faut auſſi 368 Mouſquetaires, à la meſme hauteur que les Piquiers ; deſquels faut mettre 64 dans le centre ; & 304 pour faire les deux files de la bordure ; faire emouſſer les angles, & preſenter les Armes par tout.

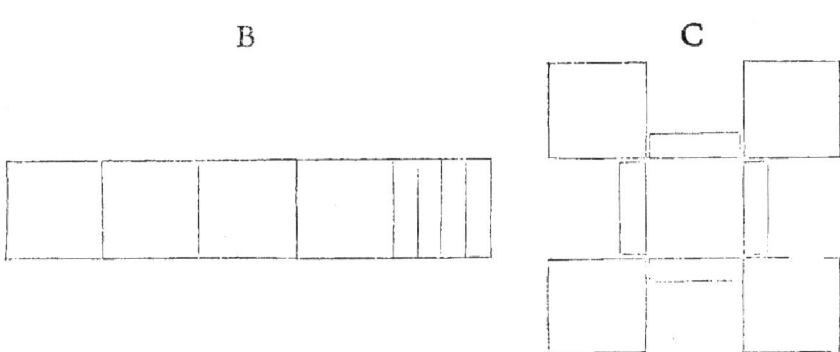

B   C

A

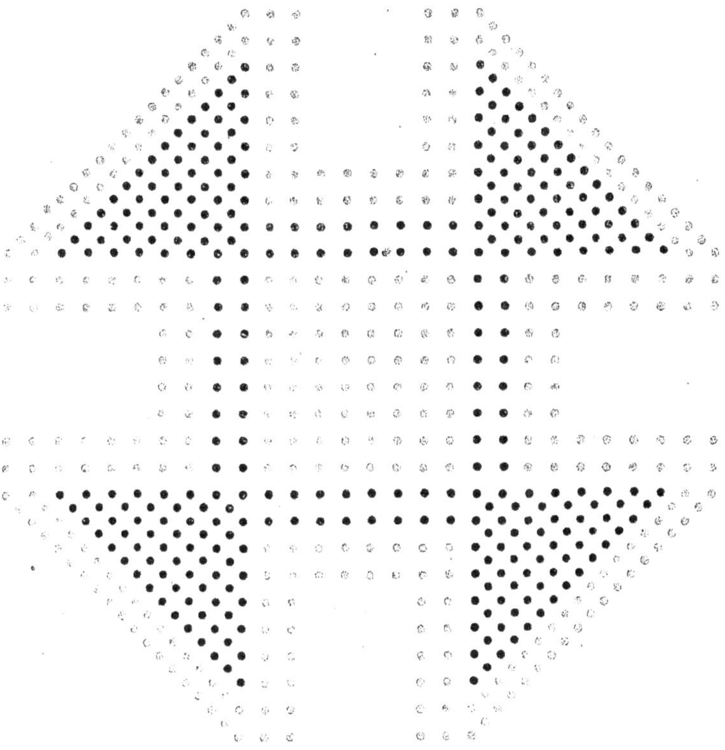

Ce Bataillon **D** eſt de 500 Piquiers ; pour le former il les faut mettre à 10 de hauteur & 50 de front comme monſtre la figure **E** , qu'il
faut partager en 5 parts egales, de 4 deſquelles on formera la figure **F**,
& de la cinquieſme on fera 3 files tout à l'entour comme au precedent
Bataillon. Il y a 100 Mouſquetaires dans le centre du Bataillon, & 300
aux deux files qui font la bordure.

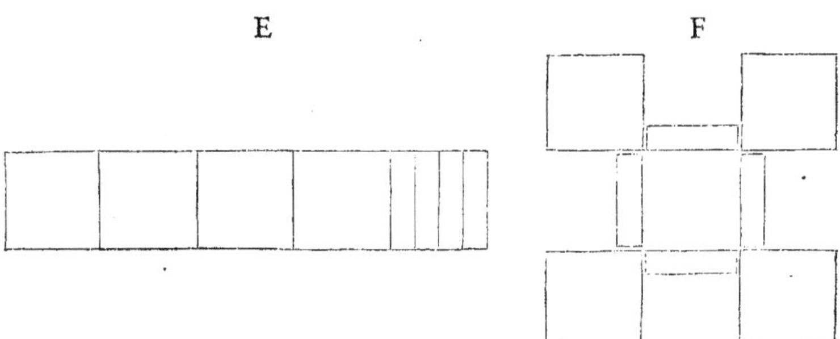

D

Pour faire cette grande Croix du feu Prince d'Auranges il faut mettre 720 Piquiers à 12 de hauteur & 60 de front, comme monſtre la figure H ; les couper en 5 parts egales de 144 hommes châcune, en 12
files & 12 rangs ; faire marcher la partie de l'aiſle gauche à la teſte de
la partie du milieu, 3 pas plus avant que ſon premier rang, & la partie de l'aiſle droicte à la queuë de la meſme partie du milieu, encore 3
pas plus avant que ſon premier rang, & la croix, I, ſera formée ; mais
il faudra encore faire eſloigner de 3 pas les deux autres parties qui ſont
aux deux coſtez de celle du milieu, à fin qu'elles-en ſoient eſloignées
toutes quatre de 3 pas chacune ; puis faire ouvrir par demy-rang les
quatre parties qui ont marché & les eſloigner châcun de 6 pas ; couper la partie du milieu au demy-rang & à la demy-file pour en faire
quatre petits quarrez de 36 hommes chacun, & les faire marcher dans
les ouvertures qui ont eſté faictes juſqu'à ce que le premier rang ſoit
autant avancé que le premier de chacune branche, & la Croix, G, ſera
formée. Il y a 36 Mouſquetaires dans chaque centre, qui font 228 pour
les 8, & 400 pour les deux files de la bordure, qui ſont en tout 688
Mouſquetaires.

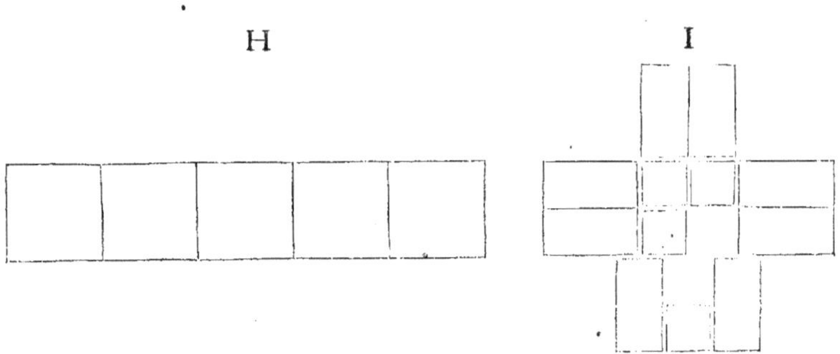

G

Pour faire ce Bataillon Citadelle, K, il faut mettre 720 Piquiers à 12
de hauteur & 60 de front comme monſtre la figure L, en prendre 12
files à droiƈt & 12 à gauche & les couper au demy-rang pour faire doubler les demy-rangs en dedans par teſte & par queuë; couper les 36
files du milieu, à la demy-file, & en faire marcher la moitié en avant
& l'autre en arriere juſqu'à ce que le dernier rang ſoit plus avancé d'un
pas que le premier rang des files qui ont doublé par teſte & par queuë,
puis faire r'entrer les files qui ont doublé juſqu'à la ſixieſme file de celles qui ont marché en avant & en arriere, comme on void la figure M;
ce qu'eſtant faiƈt il ne faudra plus que couper les 12 files du milieu de
châque face & les faire marcher vers le centre, tant qu'elles ſe rencontrent, & le Bataillon ſera formé. Il faut auſſi 144 Mouſquetaires dans
le centre du Bataillon; 36 dans châcune des encoingneures en dedans;
& 432 qu'il faut pour faire les deux files de la bordure; qui font en tout
720 Mouſquetaires.

L   M

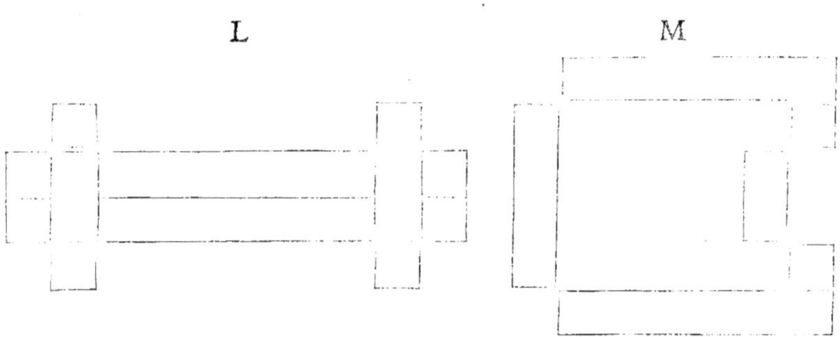

K

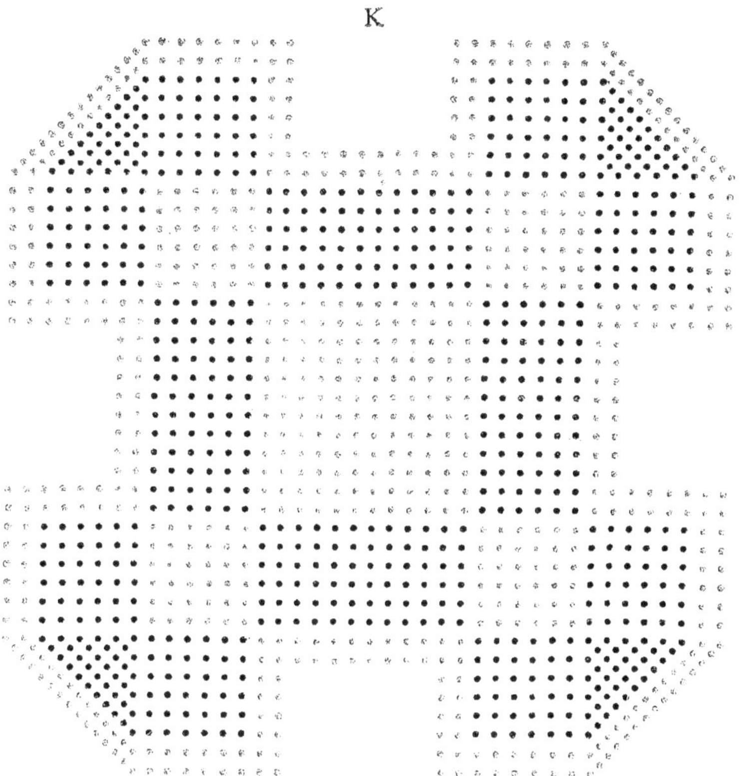

Pour faire ce Bataillon Radieux N, par cette Regle, il faut mettre 720 Piquiers á 12 de hauteur & 60 de front comme on void la figure O; en couper 6 files à droiɗ & 6 à gauche pour couvrir deux encoingneures; couper encore 6 files à droiɗ & 6 à gauche pour couvrir les deux autres encoingneures; couper les 36 files du milieu à la demy-file; faire faire à droiɗ depuis le Chef de file jufqu'au Serre demy-file, les faire marcher tant qu'il y ait 6 files qui foient un pas hors de leur premier terrain, & il y aura 6 files & 6 rangs qui déborderont de châque coſté, qu'il faudra faire doubler à la teſte ou à la queuë des autres files qui ne débordent pas, châcun de fon coſté, comme on void la figure P; puis couper les 18 files du milieu à la demy-file, les faire marcher une moitié en avant & l'autre en arriere jufqu'à ce que le dernier rang foit deux pas plus avancé que le premier des files qui ont doublé, comme monſtre la figure Q. Il y a 36 Moufquetaires en quarré dans châcun angle, 36 pour châcun des quarrez longs, & 338 pour faire les deux files de la bordure, qui font en tout 626 Moufquetaires. Si on en a davantage on en pourra mettre encore jufqu'à 144 dans le centre, & laiſſer une galerie tout au-tour pour paſſer quatre hommes de front.

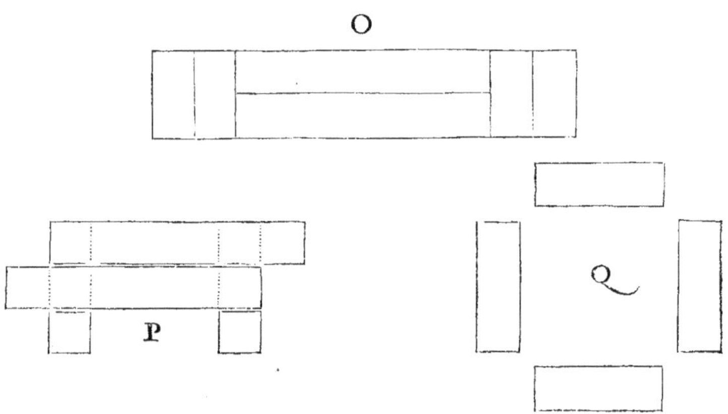

N

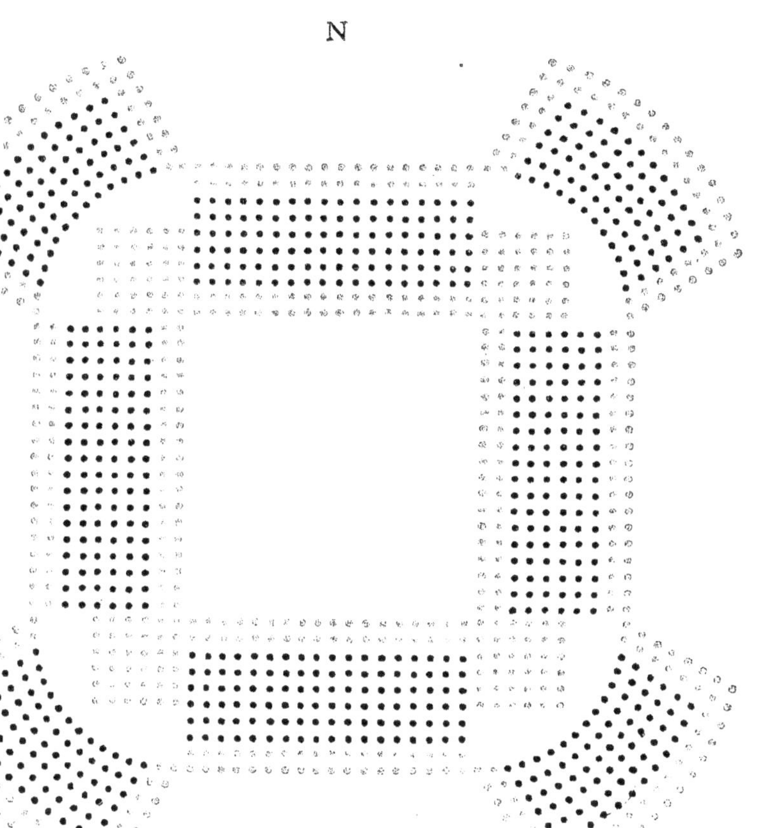

Ce Bataillon A, eſt de 1600 Piquiers; pour le former il en faut faire deux Bataillons egaux, de 500 Piquiers châcun, à 10 de hauteur & 50 de front, les couper à la demy-file & les reduire en quatre Bataillons de 150 Piquiers châcun, à 5 de hauteur & 50 de front, qu'il faut mettre en croix comme monſtre la figure B; couper de châcun 10 files à droiƈt & 10 à gauche & les laiſſer ſur leur terrain; couper encore 10 files à droiƈt & 10 à gauche & les faire marcher en avant tant que le dernier rang ſoit plus avancé d'un pas que le premier des files qui ſont demeurées ſur leur terrain; puis faire marcher les 10 files du milieu tant que le dernier rang ſoit pareillement plus avancé d'un pas que le premier des files qui ont marché, comme monſtre la figure B; ce qu'ayant faiƈt il faudra prendre les 600 Piquiers qui reſtent & qui doivent eſtre à la queuë en un autre Bataillon à 10 de hauteur & 60 de front, & les couper en 12 parts egales, de 5 files châcune, pour couvrir les angles, comme on void audit Bataillon, & il ſera formé. Il y a 400 Mouſquetaires en croix dans le centre; 100 à châcun des quarrez qui ſont aux encoingneures de dedans; 600 pour les 12 quarrez longs, qui ſont 50 pour chacun; 300 pour les 12 angles de dehors, qui ſont 25 pour chacun; & 832 pour les deux files de la bordure; qui ſont en tout 2532 Mouſquetaires.

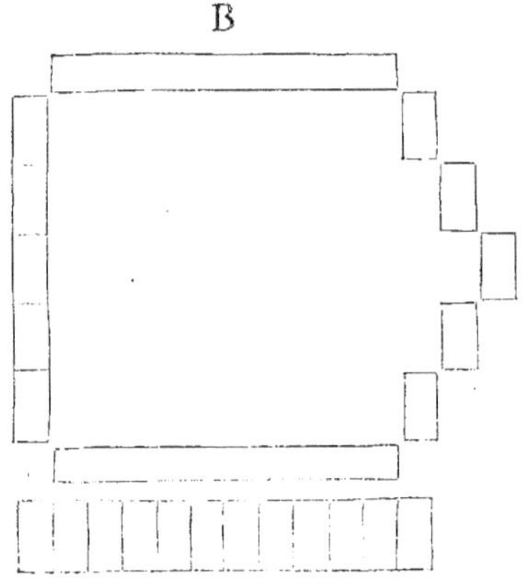

B

A

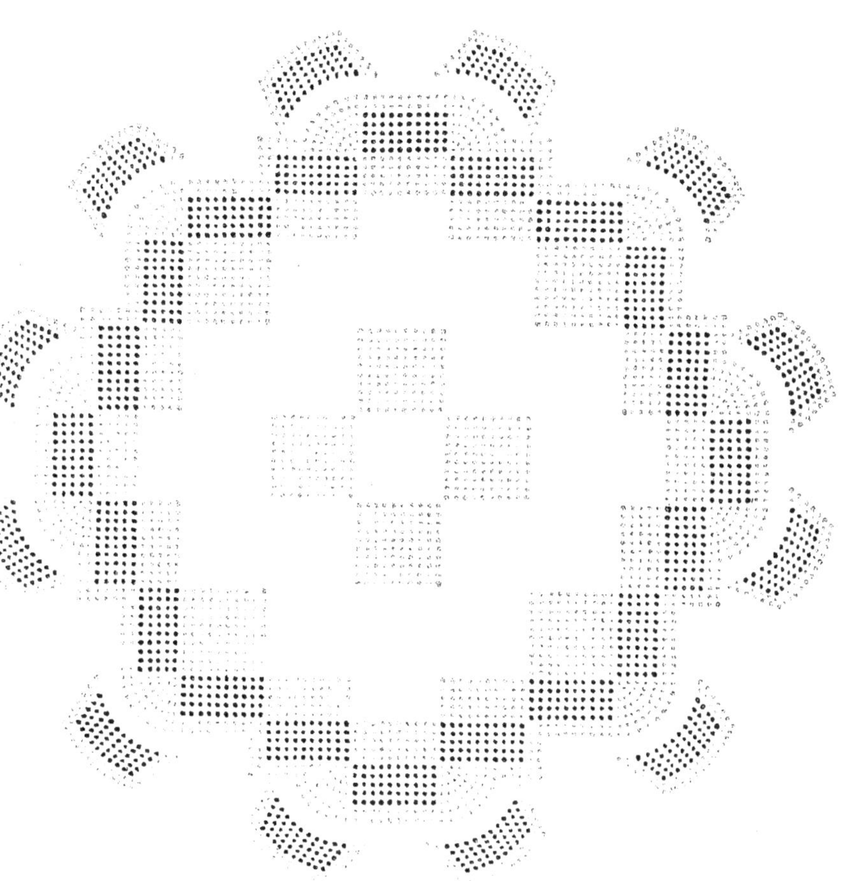

Z z iij

Si vous avez 720 Piquiers pour faire le Bataillon **A**, mettez les à 12
de hauteur & 60 de front, comme monſtre la figure **B** ; puis prenez 12
files à droiꝛ & 12 à gauche & les laiſſez ſur leur terrain apres les avoir
faiꝛ doubler par demy-rang par teſte & par queuë, à ſçavoir les 6 files
des aiſles ſur les 6 files en dedans ; coupez les 36 files du milieu à la demy-file, & en faiꝛes marcher la moitié en avant & l'autre en arriere
juſqu'à ce que le dernier rang ſoit un pas plus avancé que le premier
des files qui ont doublé par teſte & par queuë ; coupez en châcune face 6 files à droiꝛ & 6 à gauche & les faiꝛes marcher vers le centre tant
que le dernier rang ſoit tout entré, comme il ſe void en la figure **C** ; &
apres avoir faiꝛ émouſſer les angles vous trouverez avoir formé un Bataillon à 8 faces, tres-fort pour ſe defendre contre la Cavalerie. Il faut
auſſi 532 Mouſquetaires, qui doivent eſtre aux flancs des Piquiers, à 12
de hauteur ; deſquels vous prendrez 12 files de châque aiſle que vous
ferez entrer dans le centre par les intervales des Piquiers, où eſtant il
en faudra laiſſer 6 files à droiꝛ & 6 à gauche ſur leur terrain ; couper
les 12 files du milieu à la demy-file, & en faire marcher une moitié en
avant & l'autre en arriere tant qu'ils joignent les Piquiers, comme on
void en cette figure ; & des 304 Mouſquetaires qui reſtent vous ferez
les deux files de la bordure.

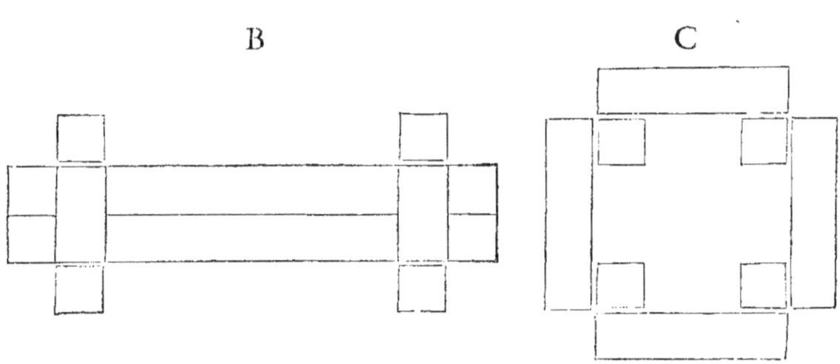

A

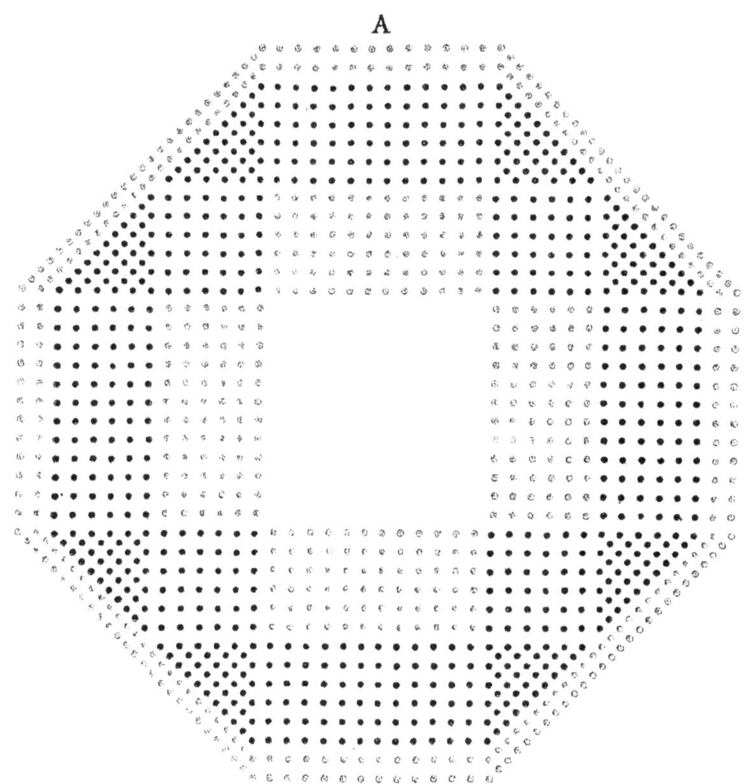

Si vous avez 720 Piquiers pour faire le Miraumont reformé, D, par
cette Reigle, il faut mettre vos Piquiers à 12 de hauteur & 60 de front
comme monftre la figure E ; ce qu'ayant fait, vous prendrez 12 files
au flanc droict, & 12 au flanc gauche, & les laifferez fur leur terrain
apres les avoir fait doubler par demy-rang par tefte & par queuë ; Il
faut que ce foient les 6 files des ailles qui doublent fur les 6 files qui
font en dedans des 12 files laiffées fur leur terrain; vous couperez les 36
files du milieu à la demy-file, & les ferez marcher une moitié en avant
& l'autre en arriere, jufqu'à ce que le dernier rang foit un petit pas
plus avancé que le premier des files qui ont doublé par tefte & par
queuë; celà fait, vous ferez r'entrer les files qui ont doublé par demy
rang, jufqu'à la fixiefme des files qui ont marché en avant & en arriere, & vous trouverez avoir fait quatre faces égales, & laiffé un
grand centre vuide, F ; vous couperez encore les 12 files du milieu de
châque face, & les ferez marcher en avant jufqu'à ce que le dernier
rang foit entierement forty du refte de la face, & le Miraumont reformé D, fera formé. Il eft aifé de reduire en triangle les files qui ont
marché les dernieres, comme il eft reprefenté en cefte figure, ce qui
n'eft pas pourtant abfolument neceffaire. Il faut auffi 838 Moufquetaires que vous mettrez aux deux flancs des Piquiers au premier ordre à
12 de hauteur, defquels vous prendrez 432 que vous placerez dans les
centres, & pour 2 files tout à l'entour pour faire la bordure 400.

E   F

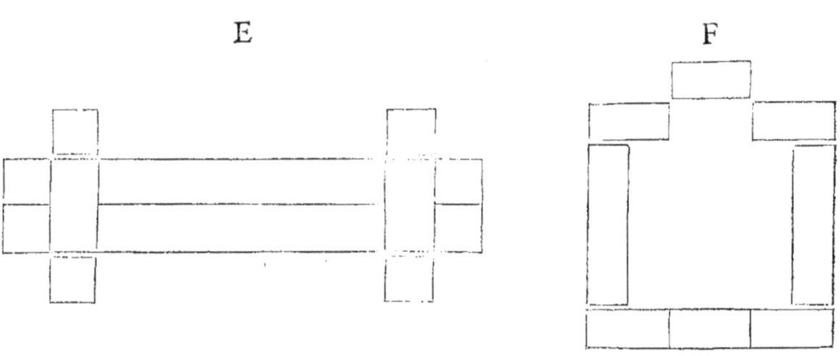

D

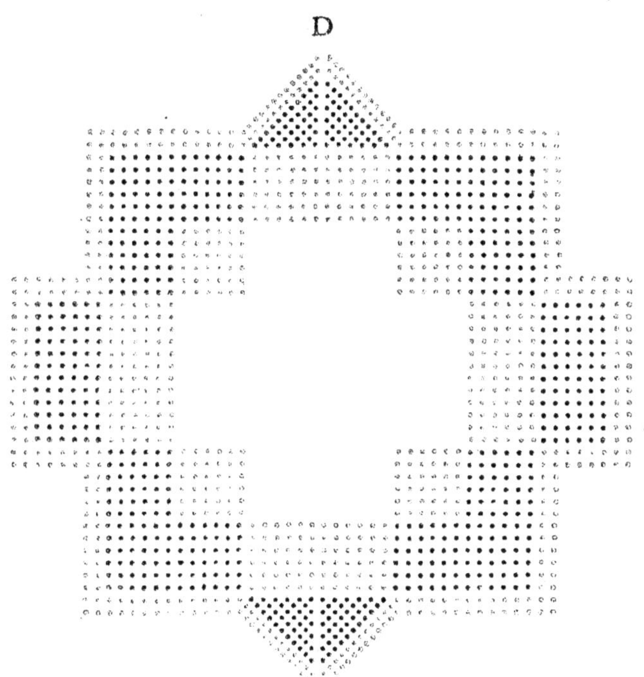

A A

Si vous avez 320 Piquiers & 456 Moufquetaires pour faire ce Bataillon A, vous ferez une croix de Moufquetaires, à fçavoir un quarré de 64 Moufquetaires pour mettre au centre, vous prendrez 192 Moufquetaires que vous partagerez en quatre parts egales de 48 châcune en 8 files & 6 rangs pour former la croix B ; puis vous partagerez vos 320 Piquiers en cinq parts egales de 64 châcune ; en amener quatre aux angles de la croix de Moufquetaires, & de la cinquiefme en faire huict rangs de 8 hommes chacun, & en amener deux rangs à la tefte de chaque Bataillon de Moufquetaires ; les 200 Moufquetaires qui reftent feront pour faire les 2 files de la bordure.

B

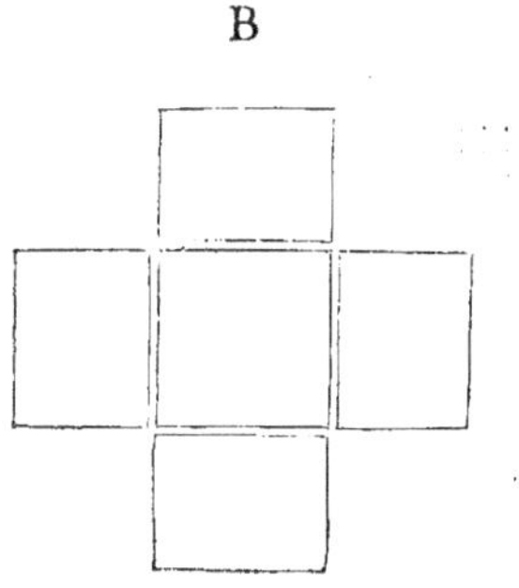

A

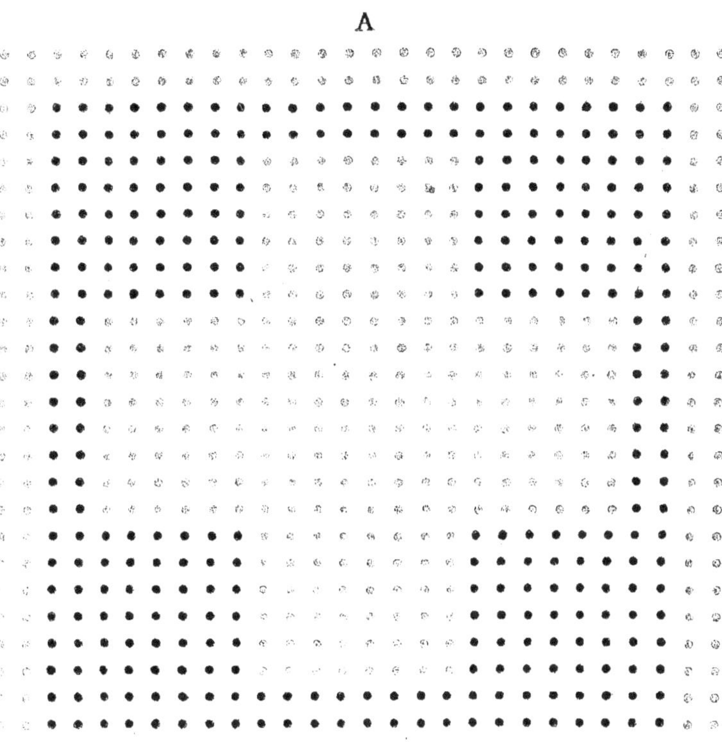

Pour faire cette Croix C, il faut prendre 306 Piquiers &les mettre à 6 de hauteur & 51 de front comme monſtre la figure D, de laquelle il faut faire doubler 48 files par demy-rang, les couper au demy-rang & à la demy-file & en former la croix E, laiſſant 3 files ſur leur terrain pour en faire ce qui ſera dit cy apres ; puis prendre 4 files à droict & 4 à gauche de châcun des Bataillons de la croix E & les laiſſer ſur leur terrain ; faire marcher les 4 files du milieu tant que le dernier rang ſoit un pas plus avancé que le premier des files qui ſont demeurées ſur leur terrain ; couper 2 rangs à la teſte des 4 files qui ont marché & les partager en deux parts egales de 4 hommes châcune pour faire les angles; ce qu'eſtant faict on prendra les 3 files qui ont eſté laiſſées ſur le terrain dont on fera quatre petits Bataillons de 4 hommes chacun pour mettre dans les angles d'enbas, & le Bataillon ſera formé. Il y a 24 Mouſquetaires dans le centre de chacune branche de la croix, 80 pour les 5 centres du dedans, qui ſont 16 à chacun ; & 234 pour faire les deux files de la bordure.

D					E

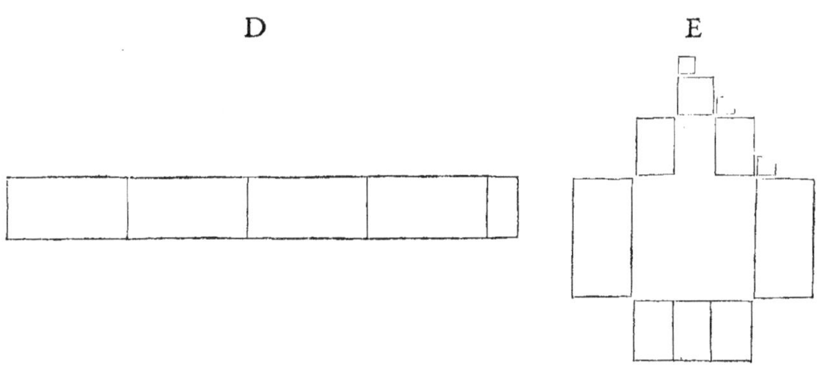

C

Pour faire ce double Octogone **E**, il faut mettre 700 Piquiers à 12
de hauteur & 35 de front comme monftre la figure F ; prendre 5 files
au flanc gauche & les couper en quatre parts egales pour faire les angles ; prendre encore 5 files à droict & 5 à gauche & les laiffer fur leur
terrain ; couper les 20 files du milieu aux quarts de files à la tefte & à
la queuë, & apres avoir faict faire demy tour à droict au quart de file
de la queuë, les faire marcher en avant l'un & l'autre tant que le dernier rang foit plus avancé d'un pas que le premier des files qui ont demeuré fur le terrain, & la croix de dehors fera formée. Il refte encore
20 files en une maffe dans le milieu, defquelles faut laiffer 5 files à droit
& 5 à gauche fur leur terrain ; couper les 10 files du milieu à la demy-
file & les faire marcher tant que la croix de dedans foit formée ; puis
amener les angles en leur place, & le Bataillon fera formé, comme on
void la figure G. Il faut auffi 25 Moufquetaires à châcun des angles de
la croix de dedans, qui font 100 pour les quatre ; puis 100 dans le centre du Bataillon ; & 252 pour les deux files de la bordure, qui font en
tout 452 Moufquetaires.

F   G

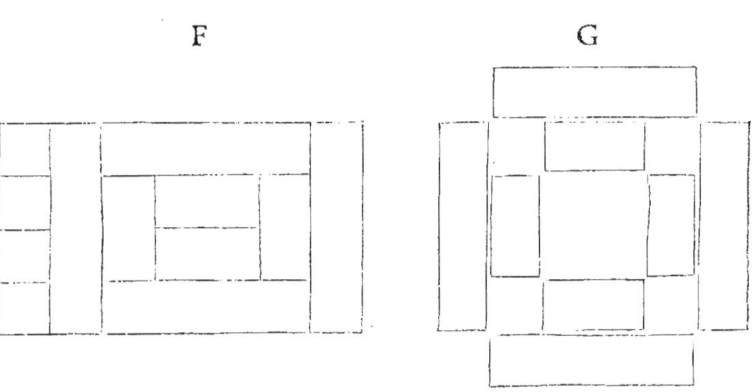

E

Du double Octogone precedent se forme ce second H , pour mettre davantage de Mousquetaires à couvert. Il faut pour le former faire haut la pique tout le monde ; couper toutes les faces de la croix de dehors au demy-rang & les faire marcher en avant, par l'angle, tant qu'il y ait assez d'ouverture dans le milieu de châque face pour placer les 10 files de la croix de dedans , & les y amener , & le Bataillon sera formé comme monstre la figure I. Il y peut entrer de plus qu'au precedent 780 Mousquetaires ; desquels faut mettre 50 dans châcune des places où estoient les Piquiers de la croix de dedans, qui font 200 pour les quatre , & 500 entre les Piquiers & les Mousquetaires qui font desja placez dans le centre ; & 20 en châcune face pour achever de border ce qui a esté adjousté à châque front des Piquiers, qui font 80 pour les quatre.

I

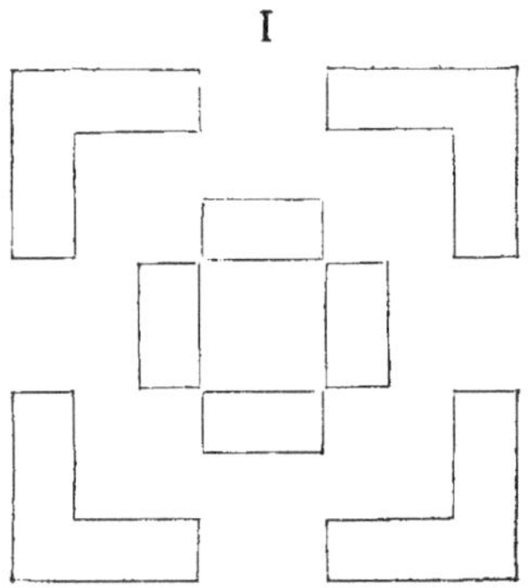

H

BB

Ce trois-iefme Octogone K eft tiré des deux precedens felon l'ordre
du feu Roy , & eft de mefme nombre de Piquiers ; pour le former il
faut laiffer les quatre angles fur leur terrain , & faire marcher tout le
refte jufqu'aux encoingneures des angles & il fera formé, comme on
void la figure M. Il s'y peut adjoufter 640 Moufquetaires davantage
qu'au fecond marqué H , à fçavoir 150 dans la diftance qui fe trouve
entre les Moufquetaires qui font desja dans le centre & les Piquiers
qui ont marché, qui font 600 pour les quatre faces ; & 80 pour border
les 8 encoingneures, qui font 10 pour châcune.

M

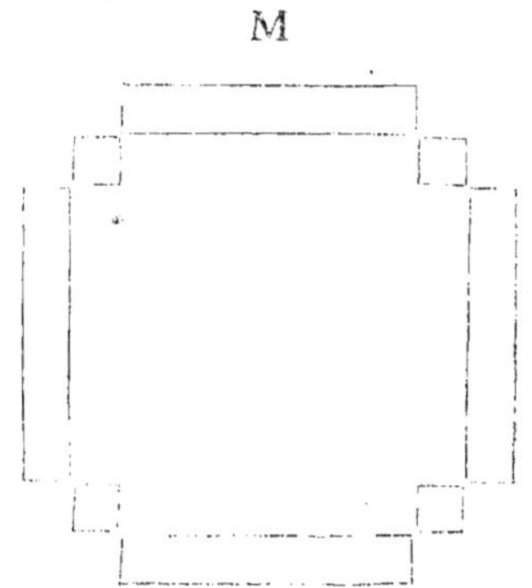

K

Pour faire ce Bataillon A, il faut mettre 704 Piquiers à 16 de hauteur & 44 de front comme monſtre la figure B ; puis prendre 4 files au flanc gauche & les couper en quatre parts egales de 16 châcune pour faire les angles ; prendre encore 8 files à droiĉt & 8 à gauche & les laiſſer ſur leur terrain pour en faire ce qui ſera dit cy apres ; prendre encore 4 files à droiĉt & 4 à gauche & les laiſſer ſur leur terrain ; couper 4 rangs à la teſte & 4 à la queuë des 16 files du milieu, & apres avoir faiĉt faire demy-tour à droiĉt à ceux de la queuë, les faire marcher tant qu'ıls forment une croix ; ce qu'ayant faiĉt il reſtera 16 files en une maſſe dans le milieu, deſquelles faut laiſſer 4 files à droiĉt & 4 à gauche, & couper les 8 files du milieu à la demy-file pour en former la croix de dedans, comme monſtre la figure C ; apres-quoy faut prendre les 8 files à droiĉt & 8 à gauche qui ont eſté laiſſées au commencement ſur leur terrain, & faire de châcune quatre parts egales, les coupant au demy-rang & à la demy-file, & de deux d'icelles parties couvrir un angle dù Bataillon, comme monſtre la lettre D ; pùis il ne faudra que mener les angles en leur place, comme monſtre la lettre E, & le Bataillon ſera formé. Il y a 528 Mouſquetaires, ſçavoir 16 dans châque encoingneure de la croix de dehors, qui ſont 64 ; 16 dans châcune des encoingneures de la croix de dedans, qui ſont encore 64 ; 64 dans le centre du Bataillon ; & 336 pour faire les deux files de la bordure.

B   C

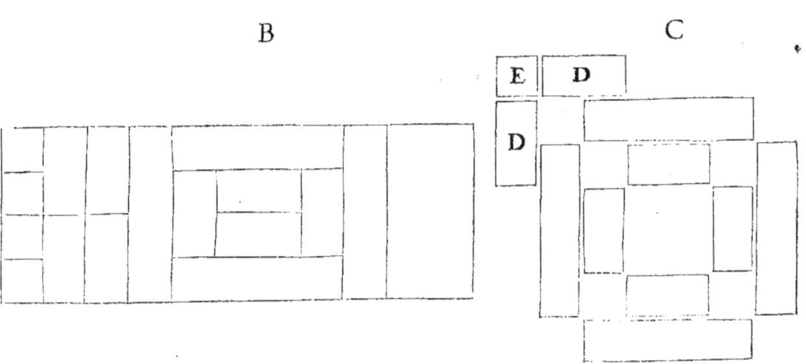

A

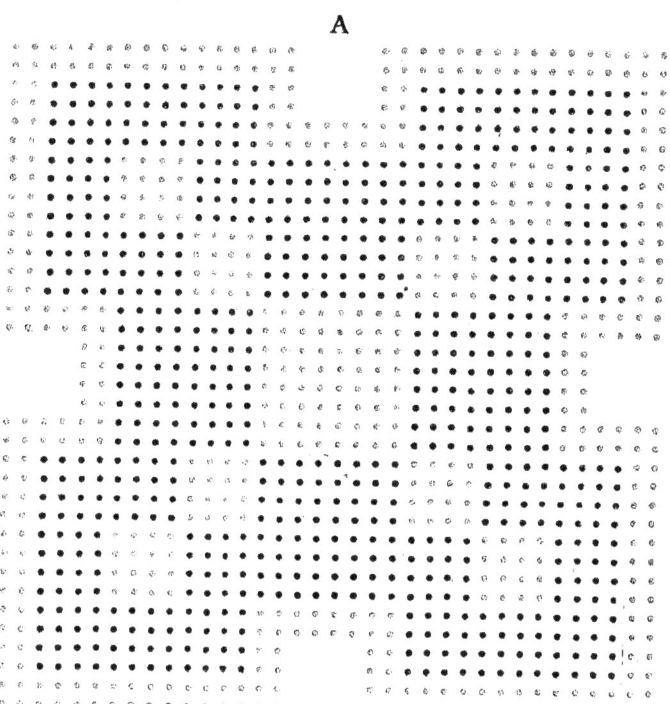

C'eſt en cet ordre que le Prince de Parme ſe retira aupres d'Amiens
devant le feu Roy Henry le Grand. Cette retraitte eſt tenuë pour une
des plus belles & des plus genereuſes qui ayent eſté faictes depuis deux
cens ans.

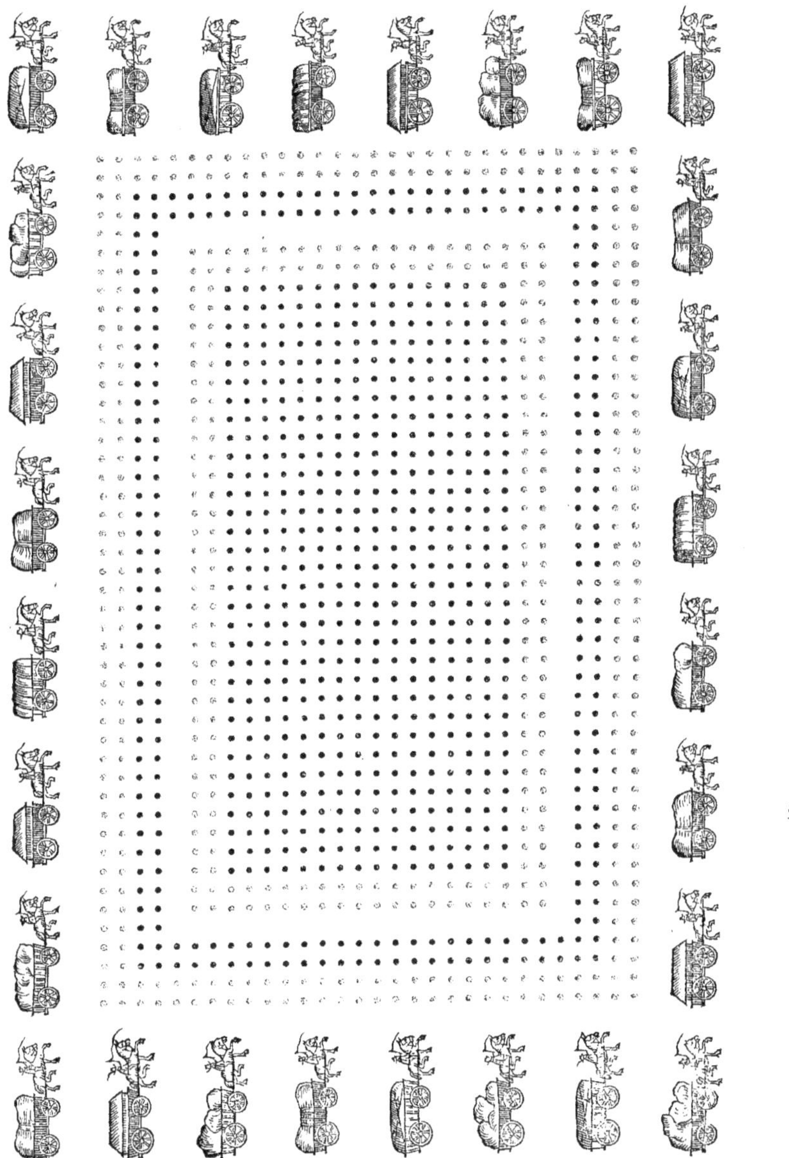

FIN DES BATAILLONS.

ORDRES

ORDRES

DE BATAILLES.

ORDRES
DE BATAILLES.

PRES que noftre Marefchal de Bataille aura fu-
fifamment monftré fa capacité, tant à enfeigner
le Maniment des Armes aux Soldats, à les dreffer à faire toutes fortes d'Evolutions, qu'à former les Bataillons contre l'Infanterie & contre la
Cavalerie, comme nous l'avons monftré cy-deffus ; il luy convient apporter une grande diligence à ranger l'Armée en Bataille en diverfes
formes pour la pouvoir faire combattre en tous lieux, à toute heure,
fans confufion, & avec avantage, qui eft la principale partie de fa
Charge. Pour cet effect, fi l'Armée doit marcher, il tafchera de fçavoir au vray la difpofition du chemin qu'il faut tenir, en fera fon rapport au Marefchal de Camp qui eft de jour, à fin de regler avec luy en
quel ordre l'Armée pourra marcher avec plus de commodité & de feureté. L'ordre de la marche eftant fait, il en fera plufieurs copies fignées
de luy, dont il en baillera une au General ; une au Marefchal de Camp
de jour ; une à celuy qui commande l'Artillerie ; une à châcun des Aydes de Camp ; aux Majors de Brigades ; au Marefchal des logis general
de la Cavalerie ; au General des vivres ; & au Capitaine des bagages ;
à fin que châcun fçache où marcher pour éviter la confufion ; & que
tant les Aydes de Camp, Majors de Brigades, que Marefchal des logis General de la Cavalerie, le puiffent foulager dans la marche, faifant marcher toutes les troupes felon l'ordre qui leur aura efté prefcrit.

CC ij

Ayant difpofé toutes chofes pour la marche , & l’heure du parte-ment eftant venuë , le Marefchal de Bataille fe rendra au rendez-vous qu’il aura donné à toutes les troupes , où à mefure qu’elles arriveront il les placera felon l’ordre que la marche aura efté difpofée ; & prendra le mefme foin pour l’Artillerie , pour les vivres , & pour le bagage ; & quoy qu’il foit affifté par les Officiers fuf-nommez, il ne s’en rapportera qu’à fes propres yeux.

Si le rendez-vous donné à toutes les troupes fe trouve affez fpa-tieux , il rangera l’Armée en bataille, en une, ou plufieurs lignes, felon qu’il aura efté arrefté entre le Marefchal de Camp de jour, & luy, en cas que les ennemis fe rencontraffent fur la marche de l’Armée ; apres quoy, & apres en avoir receu l’ordre du General, ou du Marefchal de Camp de jour, il fera marcher l’Armée en bataille ; en une, ou plu-fieurs colonnes, felon la commodité des chemins.

Le Marefchal de Bataille ne fe contentera pas d’avoir donné tous les ordres pour marcher, il fera encore partir tous les corps l’un apres l’au-tre, & pendant qu’ils marcheront il ira continuellement d’un bout à l’autre de l’Armée, pour faire qu’elle marche en bon ordre, & que fes ordres foient ponctuellement executez.   Sa Charge l’oblige à plu-fieurs autres devoirs qui feront dits en leur lieu.

Il fe doit fçavoir fervir des troupes & de l’Artillerie, les rangeant en divers Ordres de Batailles , felon que le terrain où fe trouve l’Armée , lors qu’il la faut ranger en bataille, fera difpofé ; & fur tout il doit taf-cher en toutes façons que toutes les troupes foient fi bien difpofées, qu’elles puiffent aller au combat fans autre empefchement que celuy qui leur fera fait par les ennemis, qu’il peut fouvent eviter par fon adreffe.

Nous luy mettons icy divers Ordres de Batailles qui ont efté faits par differents Capitaines. Il y en a de l’invention du feu Roy Louys le Iufte de tres-glorieufe memoire ; du feu Roy de Suede ; du feu Prince d’Auranges, Mauriffe de Naffau ; du feu Duc de Veymar ; quel-ques-uns des Anciens Romains, qui les premiers ont marché par co-lonnes ; il y en a auffi de l’invention de plufieurs autres ; & quelques-uns de la mienne. Outre tous lefquels Ordres, noftre Marefchal de Bataille en aura un nombre infiny dans fon efprit, pour n’eftre jamais furpris, & pouvoir ranger l’Armée en toutes fortes de lieux.

Pour faire tous les Ordres de Batailles, tant d'Infanterie que de Cavalerie, il faut, si le lieu le permet, mettre tous les Bataillons & Escadrons sur une mesme ligne, pour en tirer avec facilité, ces trois corps, à sçavoir Avant-garde, Bataille, & Arriere-garde, & les ranger de sorte qu'ils puissent aller au combat sans en estre empeschez les uns par les autres. Les Bataillons, pour s'en servir utilement, ne doivent estre au plus que de 1000 hommes châcun, à 10 de hauteur, & l'Escadron de Cavalerie que de 100 maistres, à 6 de hauteur, selon l'opinion des plus experimentez Capitaines. La figure cy-dessous fait voir la disposition où ils sont estant rangez sur une mesme ligne.

Cet Ordre est de 3 Bataillons, en deux corps.

Cet Ordre est de 4 Bataillons, qui forment une croix.

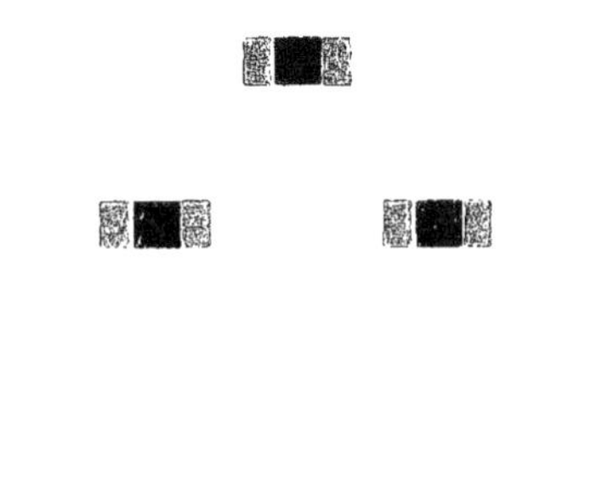

Cet Ordre est encore de 4 Bataillons.

Cet Ordre eſt de 5 Bataillons.

Cet Ordre eſt de 5 Bataillons, qui forment une pyramide.

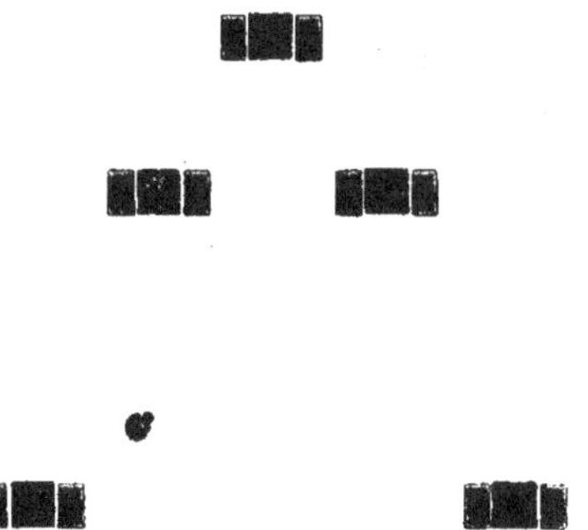

Cet Ordre eſt de cinq Bataillons, & eſt appellé Cinquain ; il ſe forme faiſant marcher les 2 & 4 Bataillons à l'Avant-garde, les 1 & 5 à la
Bataille, & le 3 à l'Arriere-garde.

Six Bataillons ſe mettent en Ordre de bataille par l'ordre du Sixain,
faiſant marcher les 2 & 5 Bataillons à l'Avant-garde, les 3 & 4 à la Bataille, & les 1 & 6 à l'Arriere-garde.

Cet Ordre

Cet Ordre eſt encore de 6 Bataillons, il ſe forme faiſant marcher les 2 & 5 Bataillons à l'Avant-garde, les 1 & 6 à la Bataille, & les 3 & 4 à l'Arriere-garde.

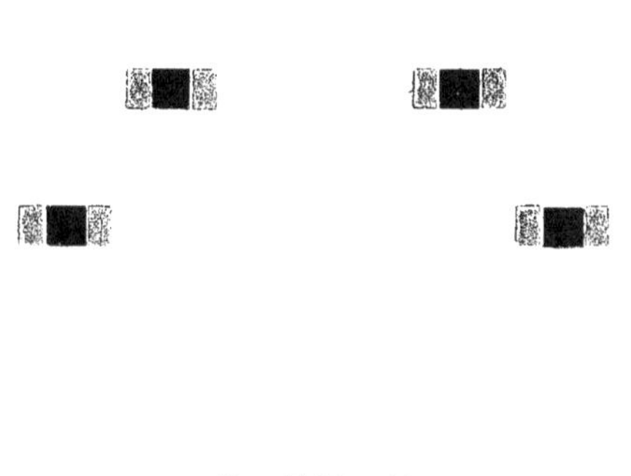

Cet Ordre eſt encore de 6 Bataillons.

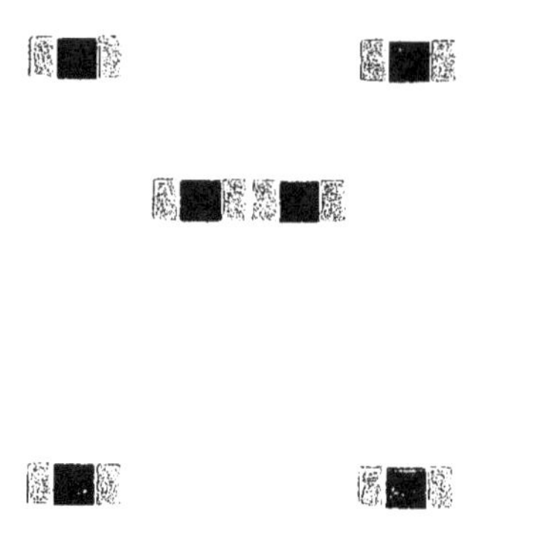

DD

Cet Ordre eſt auſſi de 6 Bataillons, qui forment une croix.

Sept Bataillons ſe mettent en Ordre de bataille, faiſant marcher les 3, & 5, Bataillons à l'Avant-garde; les 1, 4, & 7, à la Bataille; & les 2, & 6, à l'Arriere-garde.

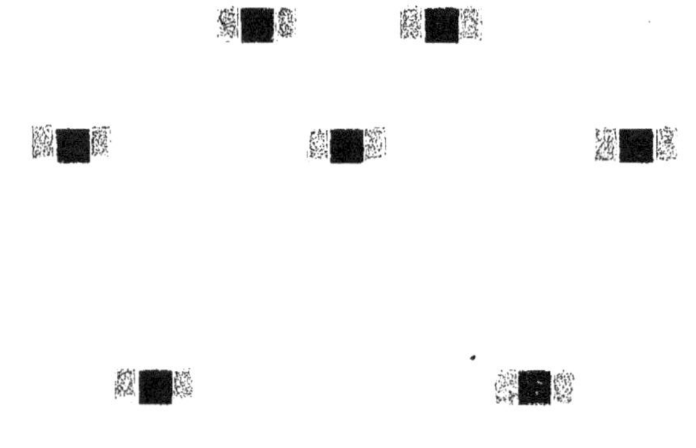

Huict Bataillons ſe mettent en Ordre de bataille , faiſant marcher les 3 , & 6 , Bataillon à l'Avant-garde ; les 1 , 4 , 5 , 8 , à la Bataille ; & les 2 , & 7 , à l'Arriere-garde . Cet Ordre forme deux croix ouvertes .

Neuf Bataillons ſe mettent en Ordre de bataille faiſant marcher le 2 le 5 & le 8 Bataillon à l'Avant-garde , le 1 le 4 le 6 & le 9 à la bataille , & le 3 & le 7 à l'Avant-garde .

Dix Bataillons fe mettent en Ordre de bataille, en formant deux
Cinquains par l'ordre du Cinquain.

Cet Ordre en forme d'Efchiquier eft compofé de 10 Bataillons d'Infanterie, il fe met en bataille felon cette figure, en faifant marcher le 2
le 5 & le 8 à l'Avant-garde, le 1 le 4 le 7 & le 10 à la Bataille, & le 3
le 6 & le 9 à l'Arriere-garde. Pour le former plus facilement, il faut
feparer les Bataillons de trois en trois, & les faifant partir de fur une
mefme ligne, commencer par le 3 de l'aifle droiɛte, faifant marcher le
2 à l'Avant-garde, le 1 à la Bataille, & le 3 à l'Arriere-garde, & continuer ainfi de 3 en 3 jufques au dernier qui eft à l'aifle gauche.

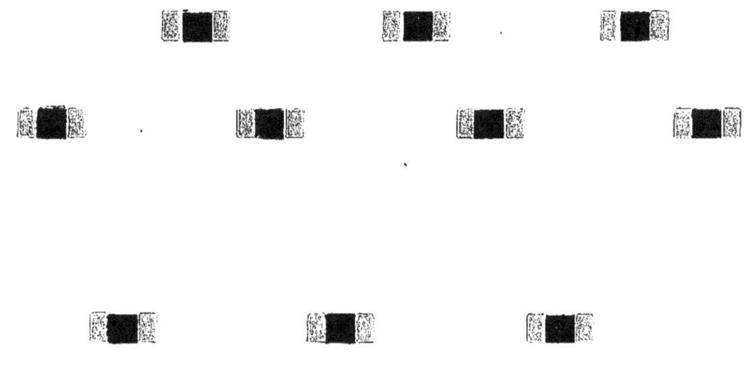

Vnze Bataillons fe mettent en Ordre de bataille, faifant marcher le
2 le 5 le 7 & le 10 à l'Avant-garde, le 1 le 4 le 8 & le 11 à la Bataille,
& le 3 le 6 & le 9 à l'Arriere-garde.

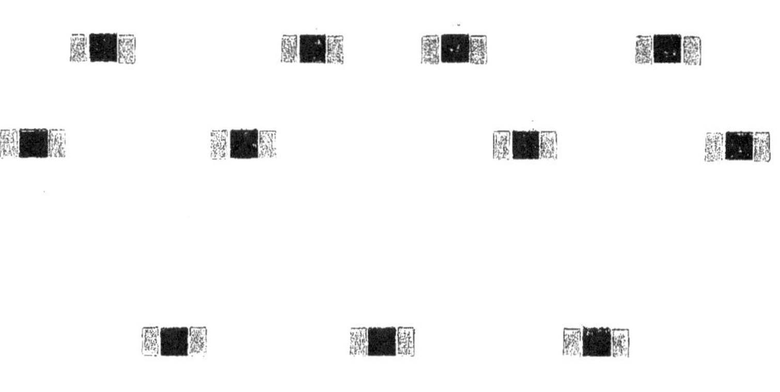

Douze Bataillons fe mettent en Ordre de bataille, en formant 2
Sixains, par l'Ordre dudit Sixain.

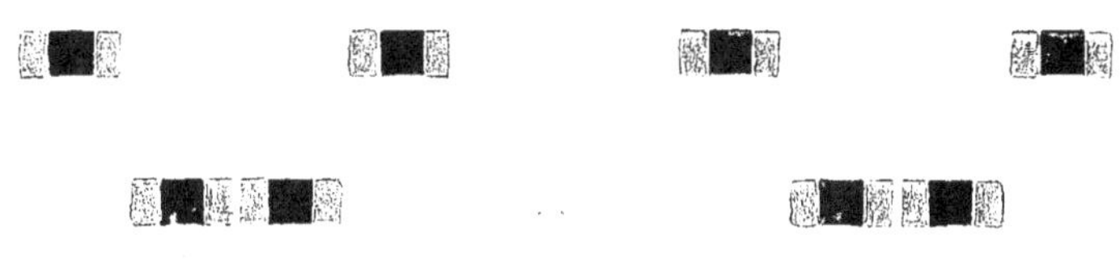

Treize Bataillons fe mettent en Ordre de bataille, en formant úne croix ouverte à châque cofté, & un Cinquain au milieu.

Treize Bataillons fe mettent en Ordre de bataille en forme d'Efchiquier, faifant marcher les 2, 5, 8, & 11, à l'Avant-garde ; les 1, 4, 7, 10, & 13, à la Bataille ; & les 3, 6, 9, & 12, à l'Arriere-garde.

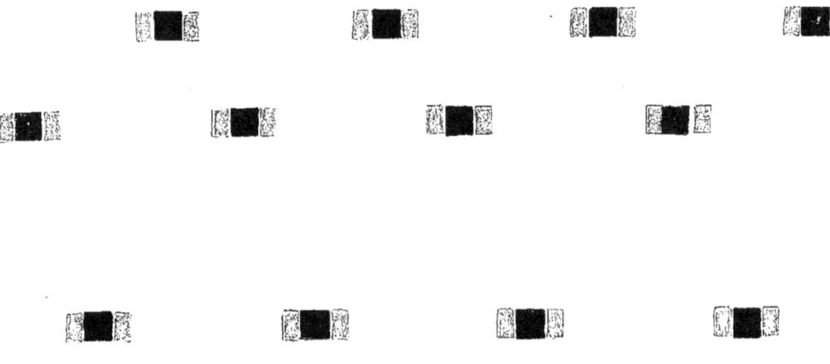

Quatorze Bataillons fe mettent en ordre de bataille en formant une croix ouverte à châque cofté, & un Sixain au milieu.

Quinze Bataillons fe mettent en ordre de bataille en formant trois Cinquains.

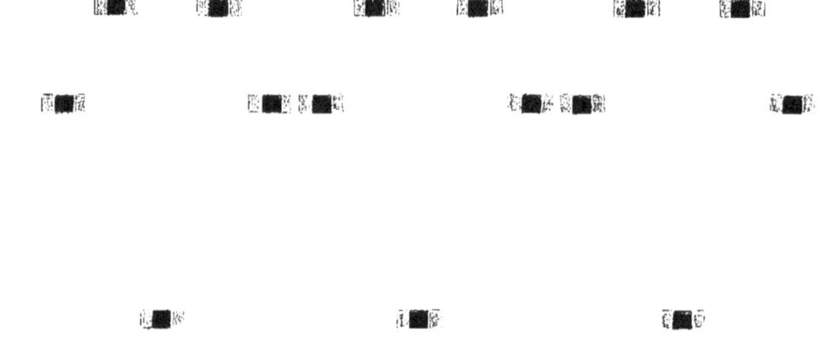

Cet Ordre est de 15000 hommes de piéd, en quinze Bataillons, qui forment une demie pyramide. Il est assez facile à former.

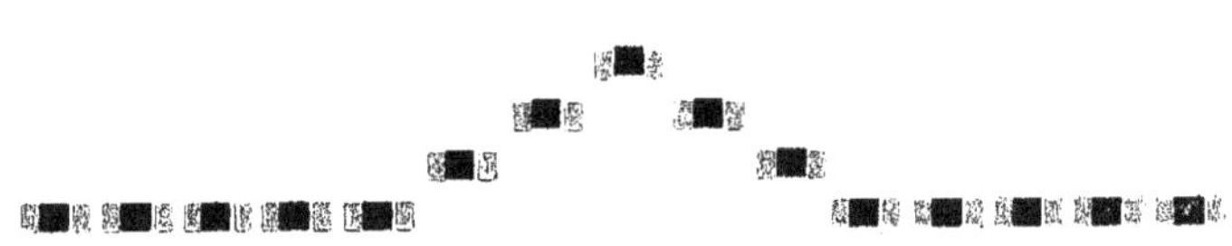

Seize Bataillons se mettent en ordre de bataille en forme d'Echiquier, faisant marcher les 2, 5, 8, 11, 14, & 17, à l'Avant-garde; les 1, 4, 7, 10, 13, & 16, à la Bataille; & les 3, 6, 9, 12, & 15, à l'Arriere-garde.

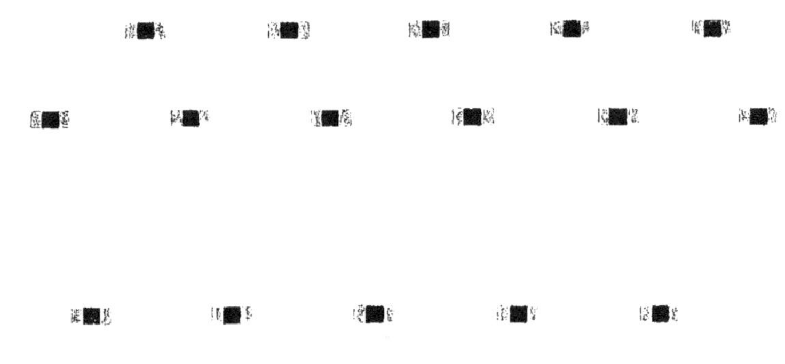

Seize

Seize Bataillons se mettent en ordre de bataille en formant un Cinquain sur châque aisle, & un Sixain au milieu.

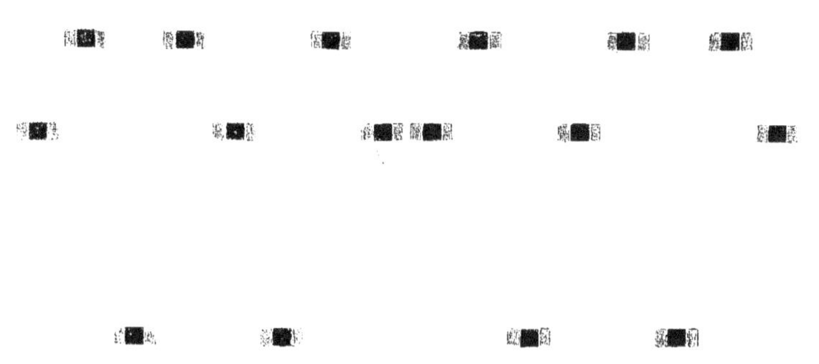

Dix-sept Bataillons se mettent en ordre de bataille en formant un
Sixain à châque aisle, & un Cinquain au milieu.

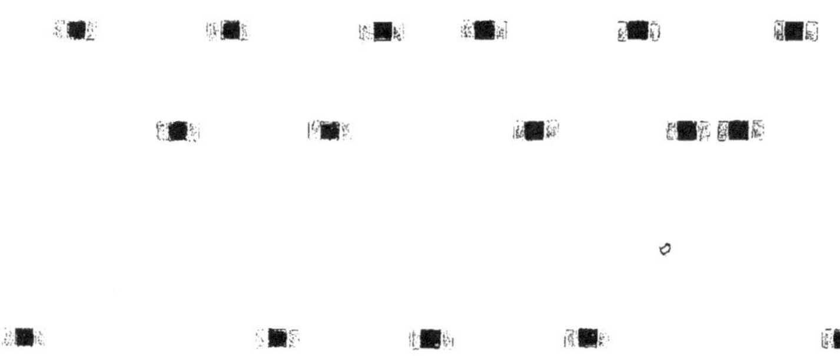

Dix-huiɑ̄ Bataillons ſe mettent en ordre de bataille en formant trois Sixains.

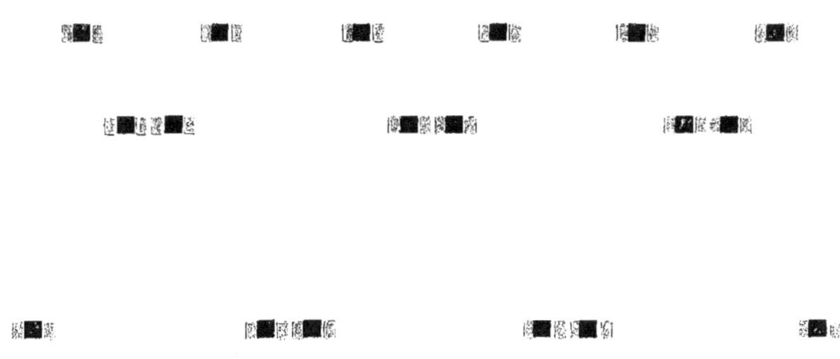

Dix-neuf Bataillons ſe mettent en ordre de bataille en forme d'Eſ-chiquier, faiſant marcher les 2, 5, 8, 11, 14, & 17, à l'Avant-garde ; les 1, 4, 7, 10, 13, 16, & 19 à la Bataille ; & les 3, 6, 9, 12, 15, & 18, à l'Ar-riere-garde.

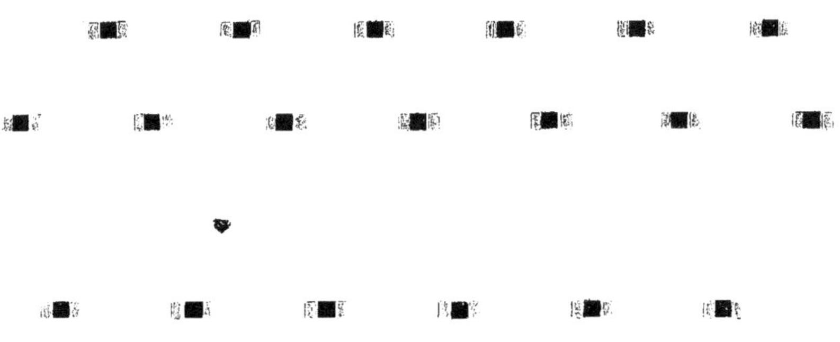

Vingt Bataillons ſe mettent en ordre de bataille en formant quatre Cinquains.

Vingt-un Bataillons ſe mettent en ordre de bataille en formant un Cinquain ſur châque aiſle, puis un Cinquain & un Sixain dans le mi-lieu.

Vingt-deux Bataillons se mettent en ordre de bataille selon cette figure en formant un Cinquain sur châque aisle, & deux Sixains dans le milieu.

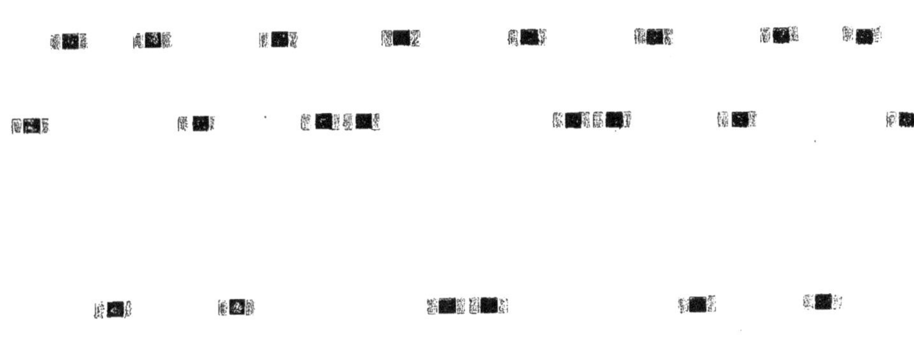

Pour mettre 22 Bataillons en ordre de bataille selon ceste figure, faut faire marcher les 2, 5, 8, 11, 14, 17, & 20, à l'Avant-garde; les 1, 4, 7, 10, 13, 16, 19, & 22, à la Bataille; & les 3, 6, 9, 12, 15, 18, & 21, à l'Arriere-garde.

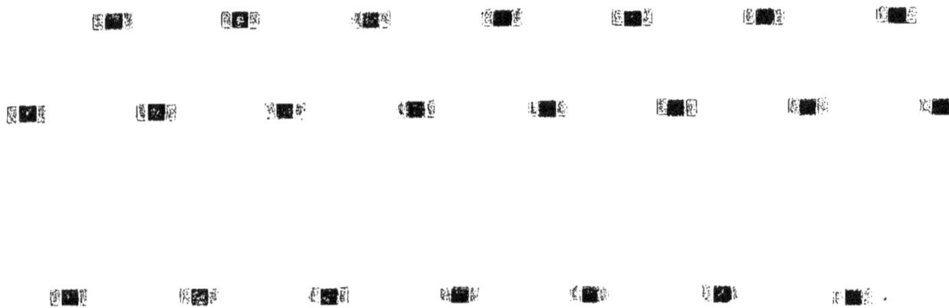

Vingt-trois Bataillons se mettent en ordre de bataille en formant premierement un Sixain sur l'aisle gauche, puis en suite un Cinquain, avec deux Sixains.

Vingt-quatre Bataillons se mettent en ordre de bataille en formant quatre Sixains, par l'ordre du Sixain.

C'eſt en cet Ordre de 24 Bataillons, formé par 4 Sixains, que le feu Prince d'Auranges avoit diſpoſé ſon Armée pour le ſecours de Breda. Il y avoit des canons à la teſte de châque Bataillon.

Cet Ordre eſt de 25 Bataillons; il eſt formé par cinq Cinquains.

Pour mettre 26 Bataillons en ordre de bataille selon cefte figure, il faut former deux Cinquains fur châque aifle, & un Sixain ouvert dans le milieu.

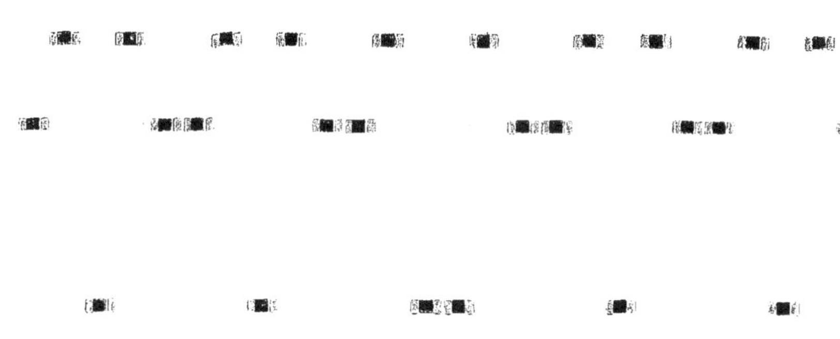

Vingt-fept Bataillons fe mettent en ordre de bataille felon cette figure, en formant un Sixain fur châque aifle, & trois Cinquains dans le milieu.

Pour ranger en bataille 28 Bataillons, fuivant cette figure, il faut former un Cinquain fur châque aifle, & trois Sixains dans le milieu.

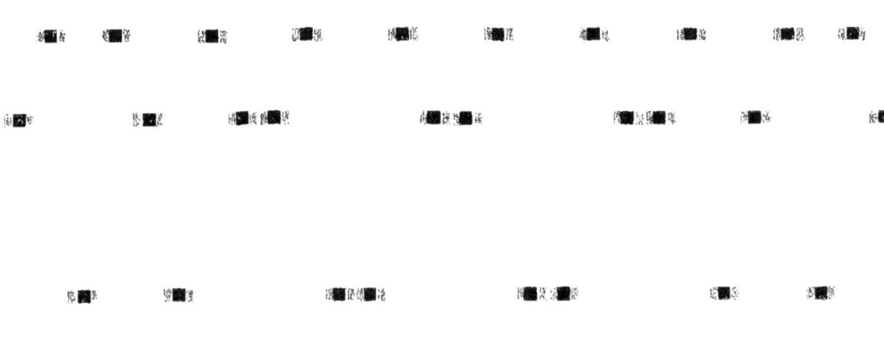

On met 29 Bataillons en ordre de bataille felon cette figure, en formant deux Sixains fur châque aifle, & un Cinquain dans le milieu.

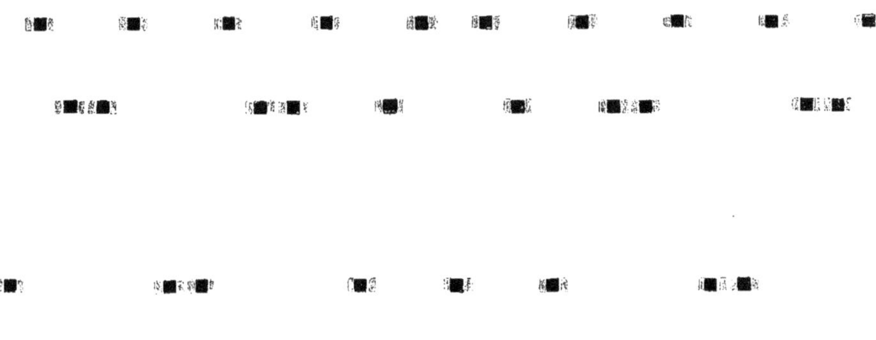

Trente

Cet Ordre eſt de 30 Bataillons; il ſe forme par cinq Sixains.

Cet Ordre eſt un Rendez-vous d'Armée à la Suedoiſe ; le front eſt en dedans.

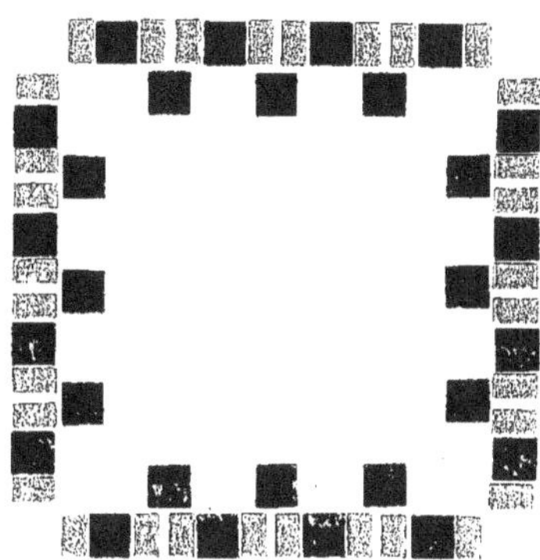

On peut mettre des troupes d'Infanterie en cet ordre un jour de rendez-vous; pour faire paroiſtre les troupes, lon fait front des quatre coſtez.

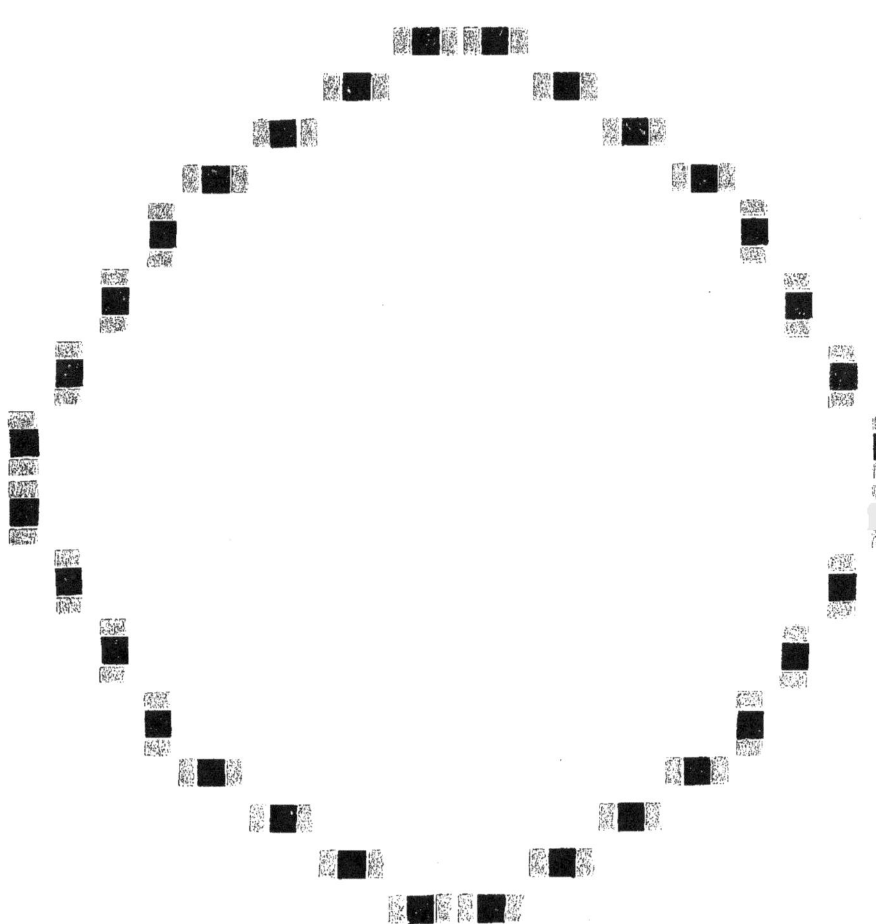

On peut aussi si lon veut, mettre des troupes d'Infanterie en cet ordre un jour de rendez-vous. Cet Ordre est le mesme que le precedent.

Cet Ordre eft un Rendez-vous d'Armée ; il y a 12 Bataillons de Piquiers, de 72 Piquiers châcun ; ils fe forment à 6 de hauteur & 12 de
front. Les Bataillons ayant 3 Piquiers d'efpoiffeur, font pour les 12 Bataillons 864 Piquiers.

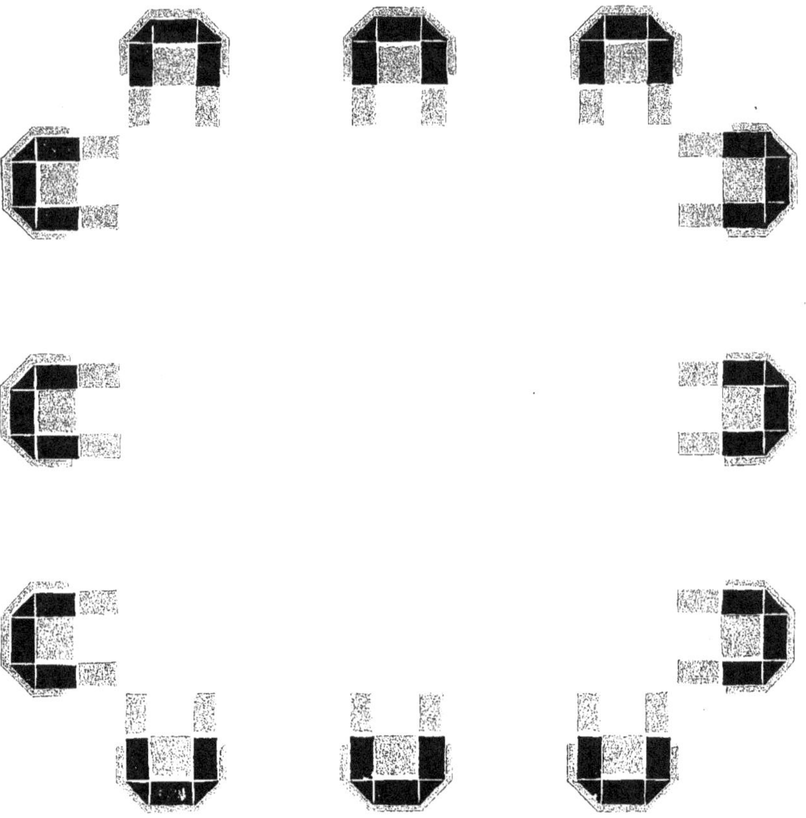

Il faut auffi 864 Moufquetaires pour les 12 Bataillons, qui font 72
pour châcun. Et pour une file tout au-tour de châque Bataillon, 28
Moufquetaires, qui font pour les 12, 336 Moufquetaires. En Piquiers &
Moufquetaires, il y a 2064 hommes pour tout l'Ordre.

Il y a auffi 12 Efcadrons de Cavallerie dans le milieu. La figure faiƈt
affez bien voir comme tout eft difpofé.

Cet Ordre eſt un Rendez-vous d'Armée de 12000 hommes de piéd, & 2000 Chevaux, qui ſont dans le centre à couvert de l'Infanterie. Les couleurs monſtrent comme le tout eſt diſpoſé.

EE iij

Cet Ordre compofé de 10 Bataillons d'Infanterie, & de 11 Efcadrons de Cavalerie eft communément appellé le Reze, ou la Pyramide, il eft facile à former faifant tout partir de fur une mefme ligne, commençant par le milieu qui doit eftre vn Efcadron.

Cet Ordre eft de 10 Efcadrons de Cavalerie, & de 11 Bataillons d'In-fanterie, il fe forme comme le Reze, en cétuy-cy, toute la Cavalerie eft fur les aifles.

Cet Ordre eſt de 20 Bataillons d'Infanterie, & de 44 Eſcadrons de Cavalerie ; il eſt facile à former. Monſieur d'Arpajou , Mareſchal de Camp, l'a donné au Roy.

Ces 10 Bataillons d'Infanterie ſe mettent en ordre de bataille par 4 Bataillons, 2 à l'Avant-garde & 2 à l'Arriere-garde, au milieu de deux demy-croix ouvertes en front ; avec 8 Eſcadrons de Cavalerie, ſçavoir 2 à châque aiſle, & 4 meſlez en Eſchiquier.

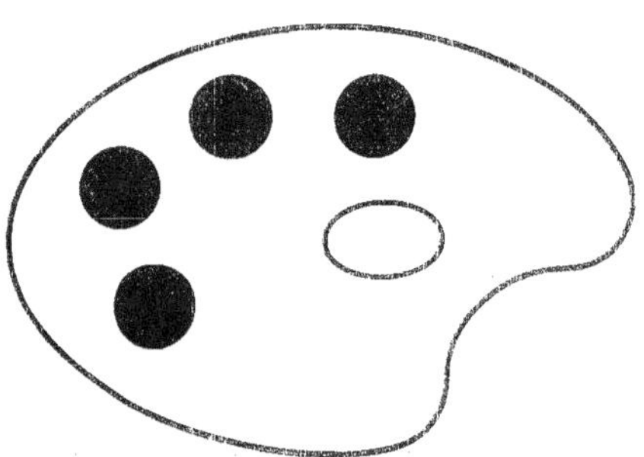

Original en couleur
NF Z 43-120-8

Cet Ordre eſt de 9600 hommes en 15 Bataillons d'Infanterie, à 8 de hauteur & 80 de front, qui ſont 640 hommes pour châque Bataillon, auec 1200 Maiſtres, en 12 Eſcadrons.

On met 18 Bataillons en ordre de bataille ſuivant cette figure, en formant 3 Sixains, par l'ordre du Sixain ; Il y a 8 Eſcadrons de Cavalerie, 4 à châque aiſle.

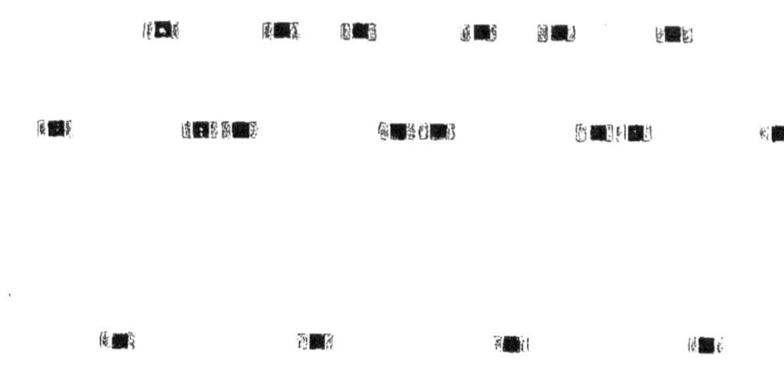

Cet Ordre

Cet Ordre de 12 Bataillons d'Infanterie & de 12 Escadrons de Cavalerie, se forme par un double Sixain d'Infanterie, dans le milieu ; avec une double demy-croix de Cavalerie sur châque aisle.

Seize Bataillons en Ordre de Bataille par quatre croix, avec 6 Escadrons de Cavalerie meslez parmy les Bataillons ; une demy-croix de 3 Escadrons sur châque aisle, & 4 en troupe de reserve.

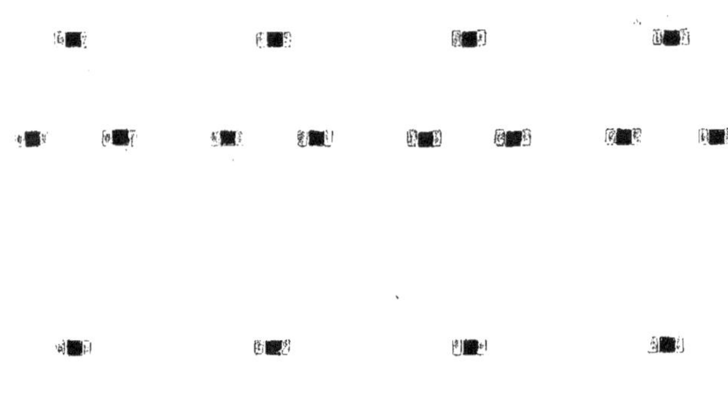

Cet Ordre eſt de 15 Bataillons d'Infanterie & de 10 Eſcadrons de Cavalerie ; il ſe forme en faiſant un Cinquain d'Infanterie à main droicte,
puis un Cinquain de Cavalerie, encore un Cinquain d'infanterie, puis
un Cinquain de Cavalerie, & finalement un Cinquain d'Infanterie à la
main gauche.

Cet Ordre eſt de 20 Bataillons d'Infanterie & de 10 Eſcadrons de Cavalerie ; pour le ranger en bataille ſelon cette figure, il faut former un
Cinquain d'Eſcadrons ſur châque aiſle, & 4 Cinquains de Bataillons
dans le milieu, en obſervant l'Ordre du Cinquain.

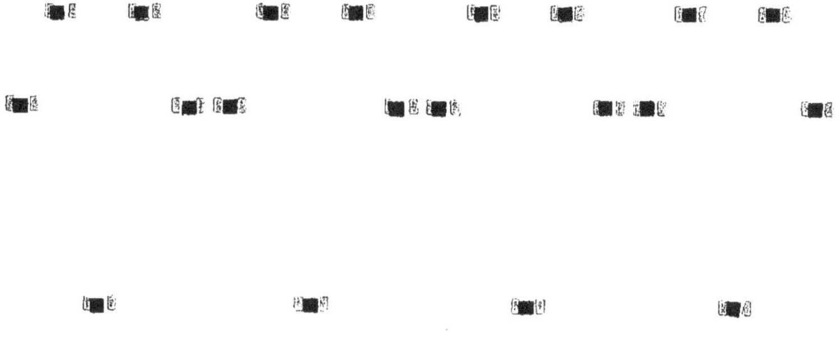

Cet Ordre eſt de 18 Bataillons d'Infanterie & 12 Eſcadrons de Cavalerie ; pour le mettre en bataille ſelon cette figure il faut former un Sixain de Cavalerie ſur châque aiſle & 3 Sixains d'Infanterie dans le milieu.

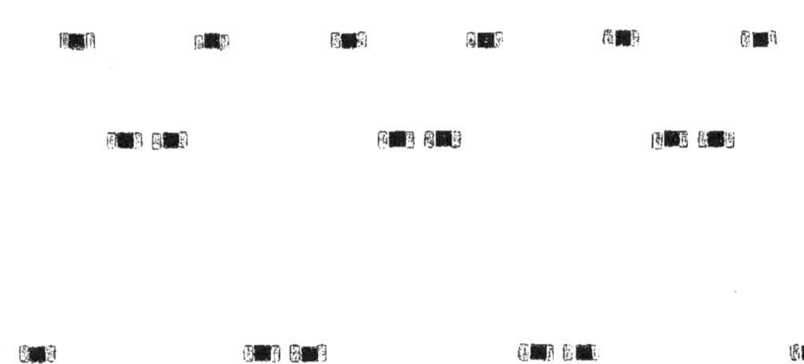

Cet Ordre de 15 Bataillons d'Infanterie & de 20 Eſcadrons de Cavalerie en deux corps, ſe forme, partant de ſur une meſme ligne, faiſant
marcher les 1,3,6,8,10,11,13 & 15 au premier Corps ; & les 2,4,7,9,12 & 14,
au ſecond Corps. En les mettant tous ſur une meſme ligne il faut placer deux Eſcadrons entre le 5 & le 6 Bataillon, & deux autres entre le
11 & le 12 ; il faut 6 Eſcadrons à châque flanc ; les 4 Eſcadrons qui ſont
à la queuë ſont troupes de reſerve.

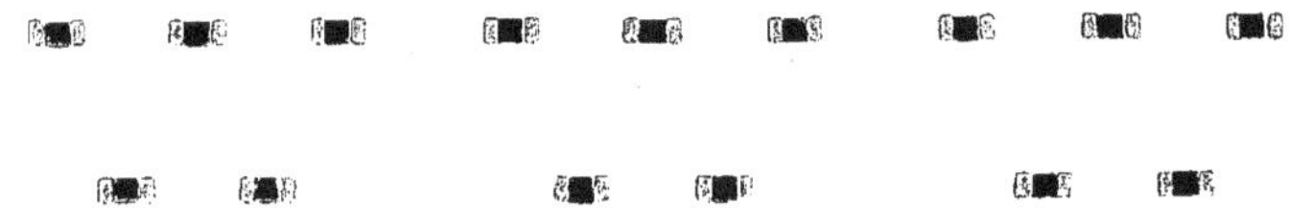

Dix-neuf Bataillons fe mettent en ordre de bataille en 3 demy-croix qui fe forment des 1,2,5,6,14,15,18,& 19 Bataillons à l'Avant-garde , des 3,4,9,10,11,16 & 17 à la Bataille, & des 7,8,12 & 13 à l'Arriere-garde ; & 18 Efcadrons de Cavalerie en deux demy-croix triples, l'une à droict & l'autre à gauche ; avec 3 Efcadrons en troupe de referve .

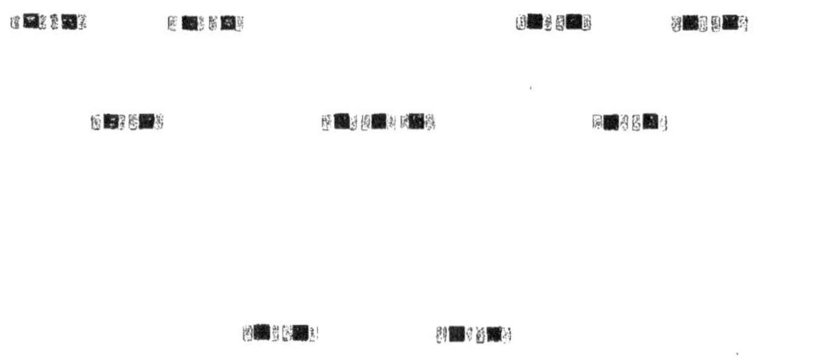

Ordre de 9 Bataillons d'Infanterie en 3 brigades à la Suedoife ; & de 12 Efcadrons de Cavalerie qui ont châcun deux plotons de Moufque-taires, à 10 de front & 3 de hauteur châque ploton, qui font 720 Mouf-quetaires pour les 12 Efcadrons ; & 3 Efcadrons en troupe de referve .

Quinze Bataillons se mettent en ordre de bataille, faisant marcher les 1,3,5,6,8,10,11,13 & 15 à l'Avant-garde ; & les 2,4,7,9,12 & 14 à l'Arriere-garde, avec 6 Escadrons de Cavalerie meslez parmy les Bataillons par 2 demy-croix ; & 10 Escadrons de Cavalerie, 5 à droict & 5 à gauche, qui ont châcun 2 plotons de Mousquetaires, à 3 de hauteur & 10 de front, qui font 600 Mousquetaires pour les 10 Escadrons.

Ordre de 18 Bataillons à la Suedoise, en 6 brigades ; & 14 Escadrons de Cavalerie, qui ont châcun 2 plotons de Mousquetaires, à 10 de front & 3 de hauteur châque ploton, qui font 840 Mousquetaires pour les 28 plotons ; & 6 Escadrons en troupe de reserve.

Dix-huict Bataillons en Ordre de bataille par deux croix, au milieu de deux Cinquains ; & 18 Efcadrons de Cavalerie, 6 à droict & 6 à gauche fur les aifles, & 6 Efcadrons meflez.

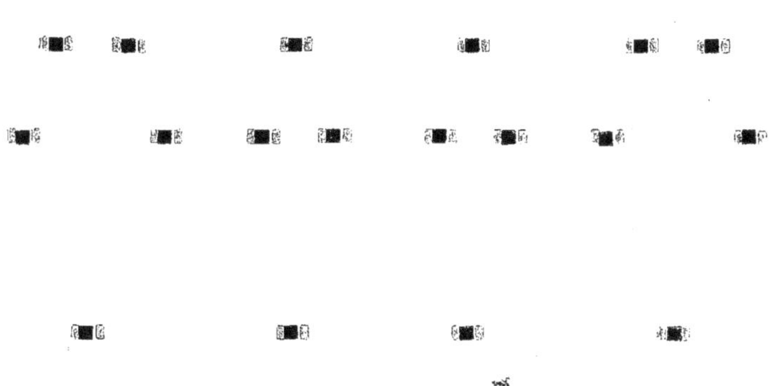

Cet Ordre eft de 15 Bataillons d'Infanterie & de 10 Efcadrons de Cavalerie ; pour le mettre en bataille felon cette figure, il faut former un Cinquain de Cavalerie fur châque aifle, & 3 Cinquains d'Infanterie dans le milieu.

Cet Ordre eſt de 26 Bataillons , & 20 Eſcadrons; il ſe forme faiſant marcher les 2, 3, 6, 7, 11, 12, 15, 16, 20, 21, 24 , & 25 Bataillons à l'Avant-garde; les 1, 8, 9, 10, 17, 18, 19, & 26 à la Bataille ; & les 4, 5, 13, 14, 22, & 23 à l'Arriere-garde. Il faut mettre 4 Eſcadrons entre le 8 & le 9 Bataillons, 2 à la Bataille, & 2 à l'Arriere-garde; & 4 autres entre les 18 & 19, encore 2 à la Bataille, & 2 à l'Arriere-garde ; les 12 autres Eſcadrons forment une demy - croix ſur les aiſles. Les Mouſquetaires ſont détachez des Piquiers à fin de joindre la Cavalerie en cas de combat.

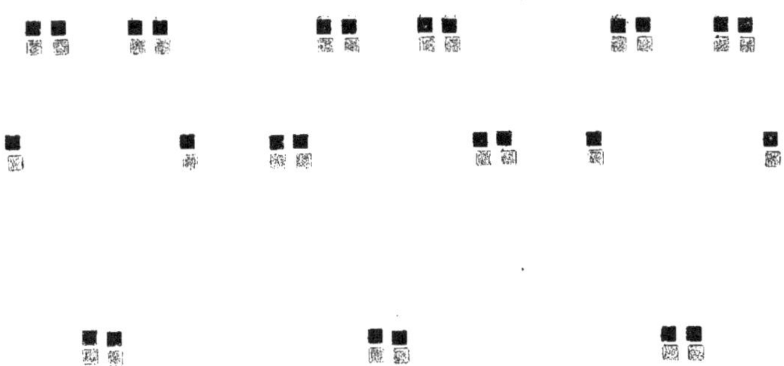

L'Armée du Roy commandée par Monſieur de la Meilleraye Grand Maiſtre de l'Artillerie de France, devant Landrecy, a eſté rangée en bataille à diverſes fois, ſelon les 6 Ordres ſuivans, A, B, C, D, E, F; elle eſtoit compoſée de 16 Eſcadrons de Cavalerie & 6 Bataillons d'Infanterie; & parce qu'aux Ordres B, C, il y a 7 Bataillons , celuy qui eſt en troupe de reſerve eſt compoſé d'hommes commandez, tirez des autres.

A

Troupe de reſerve.

Ce Bataillon eſt compoſé d'hommes commandez,

B

Troupe de referve.

Ce Bataillon eft compofé d'hommes commandez.

C

Troupe de referve.

Ce Bataillon eft compofé d'hommes commandez.

Cet Ordre D

Cet Ordre **D**, eſt celuy qui avoit eſté reſolu au Conſeil par Mondit Sieur le Grand Maiſtre, pour combattre, en cas qu'on euſt rencontré les Ennemis. Cette Armée marchoit d'ordinaire en trois colomnes, à ſçavoir la Cavalerie & l'Infanterie de l'aiſle droiĉte, en la ſorte qu'ils ſont rangez, à droiĉt ; ceux de l'aiſle gauche, à gauche ; & l'Artillerie, vivres & bagage, à la colomne du milieu.

D

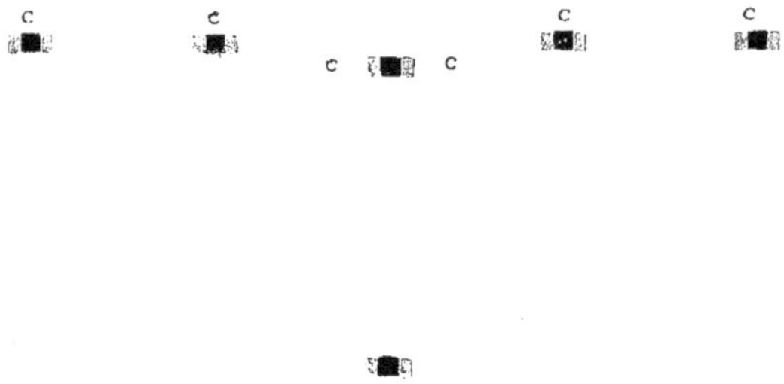

E

HH

En ces 6 Ordres, il y en a 5, à fçavoir A B C D F, où il doit avoir
des canons : le lieu ou ils doivent eftre eft monftré par un C.

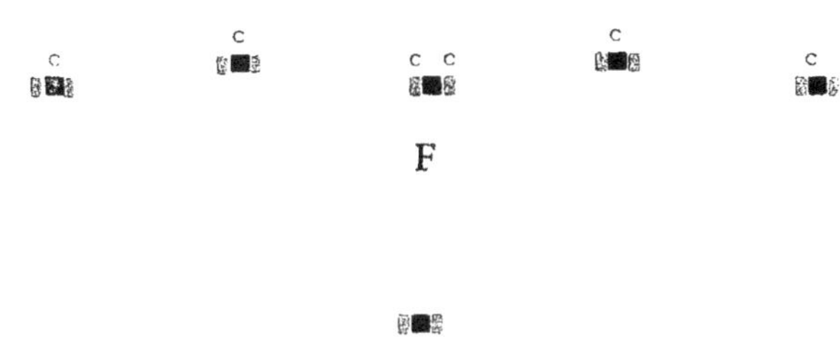

C'eft en cet Ordre que l'Armée du Roy, commandée par Monfieur
le Cardinal de la Valette, fit la retraitte devant Vaudrevange, ayant
toutes les Troupes de Galas en queuë; l'Armée de fa Majefté ayant paffé au quay A, excepté les Gend'armes & Chevaux legers de la garde,
les Gend'armes de Luxembourg, le Regiment de Cavalerie de Ranfeau,
deux Bataillons du Regiment des Gardes, & un des Gardes Suiffes, &
fix Efcadrons de Cavalerie Suedoife qui font fur les aifles. Les petits
quarrez rouges font les Moufquetaires des Gardes, qui avoient efté deftachez pour faire la retraitte; ils eftoient commandez par Meffieurs de
Meflé Capitaine, De Pauliac & De la Chainaye, Lieutenans; au trois-
iefme cofté, qui eft l'aifle droiéte, eftoient les Suiffes.

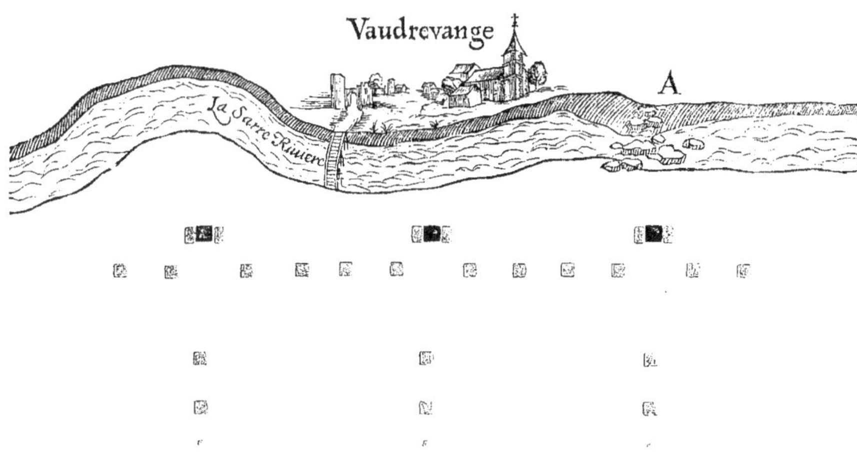

Cet Ordre eſt de 15 Bataillons d'Infanterie , & 30 Eſcadrons de Cavalerie , il ſe forme en faiſant un triple Cinquain de Cavalerie ſur châque aiſle , & un triple Cinquain d'Infanterie dans le milieu.

Vingt-deux Bataillons ſe mettent en Ordre de bataille par un Cinquain double, au milieu de 12 Bataillons doubles, 6 à droiɛt & 6 à gauche, diſpoſez en forme d'Eſchiquier, avec 27 Eſcadrons de Cavalerie, 8 à droiɛt & 8 à gauche ſur les aiſles , 8 entre les Bataillons , & 3 en troupes de reſerve.

Cet Ordre est de 15 Bataillons d'Infanterie, & de 30 Escadrons de Cavalerie, il se forme selon cette figure par un triple Cinquain de Cavalerie sur châque aisle, & un triple Cinquain d'Infanterie dans le milieu. Cet Ordre est tres beau, & tenu pour un des meilleurs du feu Prince d'Auranges.

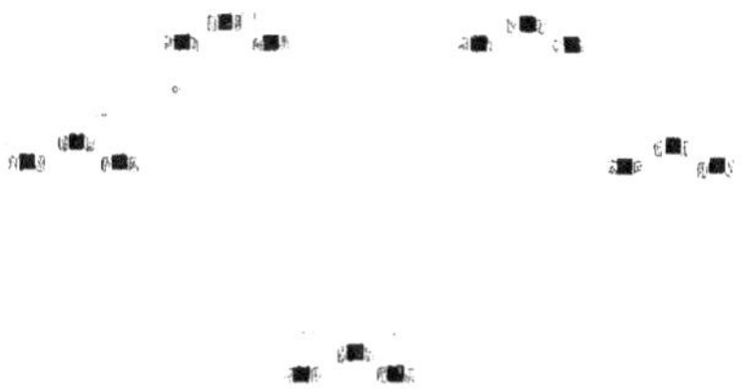

Vingt Bataillons en Ordre de bataille par 2 Cinquains doubles ; avec 15 Escadrons de Cavalerie, 3 au milieu des 2 Cinquains, & 5 à châque flanc, & 2 plotons de Mousquetaires à 3 de hauteur & 10 de front, qui sont 600 pour les 10 Escadrons ; & 5 Escadrons en troupe de reserve.

Cet Ordre est de 15 Bataillons d'Infanterie, de 35 Escadrons de Cavalerie, & de 24 pieces de canon à la teste de châque Bataillon, avec des plotons de Mousquetaires pour favoriser l'Artillerie. Les 3 Bataillons & les 10 Escadrons qui sont à la queuë sont troupes de reserve. Il est facile de ranger une Armée en cet Ordre, qui a esté tres approuvé du Duc de Veymar, lequel s'en servoit d'ordinaire.

Ordre de bataille de 12500 hommes de pied & 2000 chevaux, en 3 croix fermées, de 18 Bataillons d'Infanterie, & deux Bataillons en troupe de reserve ; avec 6 regimens de Cavalerie, composez de 20 compagnies ; les 10 regimens d'Infanterie font 10 Bataillons, châcun composé de 650 hommes ; & les 10 autres de 600 hommes. On donne 3 pieds en quarré à châque Soldat ; 3 pieds de front & 18 pieds de hauteur à châque Gend'arme. Ce mesme Ordre se peut faire les Mousquetaires estant derriere les Piquiers, comme aux deux Ordres suivans.

Dix-huict mille hommes de pied & 2400 chevaux, en Ordre de Bataille par trois croix triples au front & à la queuë, & un Bataillon avec deux Regimens de Cavalerie en troupe avancée, & un Regiment en troupe de reserve. Il y a 25 Bataillons de 750 hommes châcun, & 21 Compagnies de Cavalerie de 90 hommes, & 6 autres de 85 hommes châcune. En cet Ordre les Piquiers marchent devant les Mousquetaires, mais si lon veut on les joindra comme aux Ordres precedens.

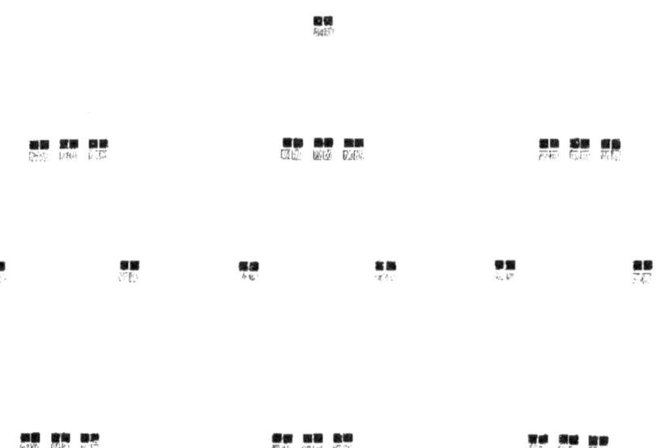

L'Armée est distribuée à la main gauche.

Cet Ordre de 22 Bataillons d'Infanterie & 29 Efcadrons de Cavalerie a efté faict par le feu Roy de Suede, qui l'a jugé tres bon pour un jour de combat, ayant fon bagage en feureté, fon Armée eftant rangée en bataille felon cette figure. Tous les petits quarrez rouges qui font aux flancs des Efcadrons font plotons de Moufquetaires, qui doivent fuivre les Efcadrons allant au combat. Et pour les petits corps avancez, tant d'Infanterie que de Cavalerie, avec les 16 pieces de canon, ce font les Coureurs & Enfans perdus. Lon peut camper en cette forte, ayant les Ennemis en tefte.

On peut faire marcher une Armée en cette forte, y ayant des Bois, ou autres lieux avantageux, à la main droiĉte, & une plaine à la gauche où la Cavalerie peut combattre, & l'Infanterie fe fervir de l'avantage des lieux.

Artillerie,   Vivres,   &   Bagage.

Ordre

Ordre de bataille de 22000 hommes de pied & 3500 chevaux , en trente-un Bataillons , & 13 Regimens de Cavalerie ; avec 10 hommes de pied de plus , châque Bataillon aura 710 hommes ; & fi on adjoufte pareillement 10 Gen-d'armes châque Compagnie fera de 90 hommes.

En cet Ordre , auffi bien qu'au precedent , les Piquiers font deftachez & marchent devant les Moufquetaires ; l'Infanterie forme trois croix fermées .

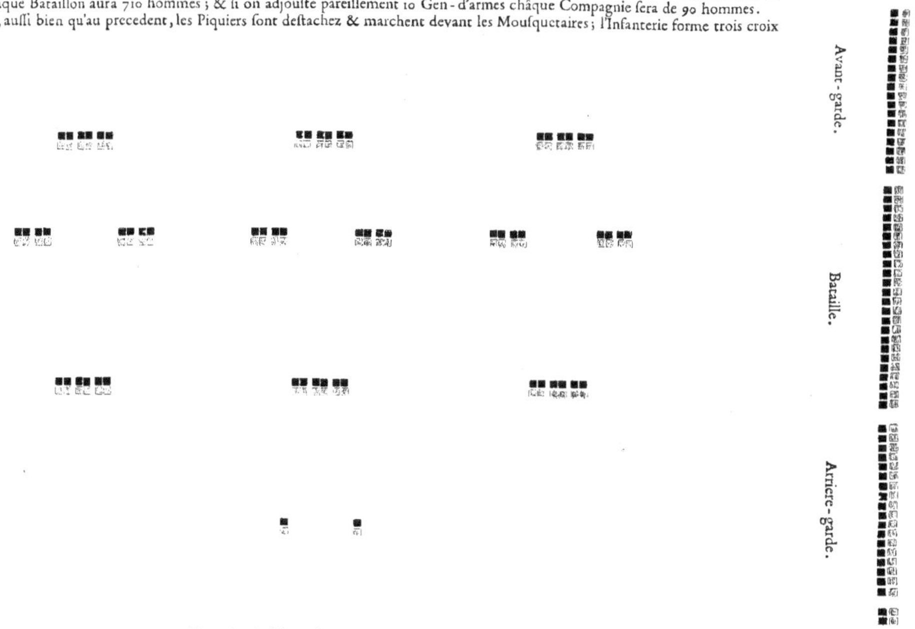

Avant-garde.

Bataille.

Arriere-garde.

L'Armée eft diftribuée à la main gauche .

I I

434

En pays ferré lon peut faire marcher une Armée en cette forte, & foudain qu'on trouve de l'efpace la ranger en bataille. L'Armée du Roy, commandée par Monfieur le Cardinal de la Valette, a faict le voyage d'Allemagne marchant en cet Ordre. Les petits quarrez rouges font plotons de Moufquetaires deftachez.

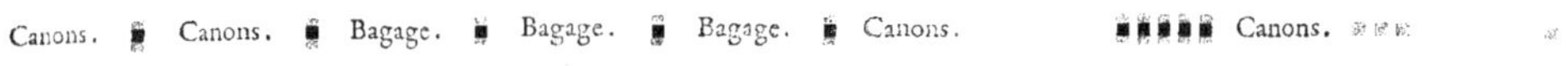

Canons. ▮ Canons. ▮ Bagage. ▮ Bagage. ▮ Bagage. ▮ Canons. ▮▮▮▮▮ Canons.

Cette Marche eft encore bonne en pays ferré ; la difpofition des trois Corps, Avant-garde, Bataille, & Arriere-garde, eft toute faicte, & l'Ordre eft facile à former.

▮▮▮ Canons & Bagage. ▮▮▮▮▮▮▮ ▮▮▮▮▮

Arriere-garde. Bataille. Avant-garde. Coureur

Ordre de 31000 hommes de pied, & 5000 Chevaux, formant trois croix triples par tout, en 36 Bataillons d'Infanterie & 18 Regimens de Cavalerie; châque Bataillon est composé de 860 hommes, & 28 compagnies de Cavalerie auront 95 hommes châcune, & les autres 26 compagnies auront 90 hommes châcune. Le mesme Ordre se peut faire en destachant les Piquiers, & les faisant marcher devant les Mousquetaires, comme aux deux Ordres precedents.

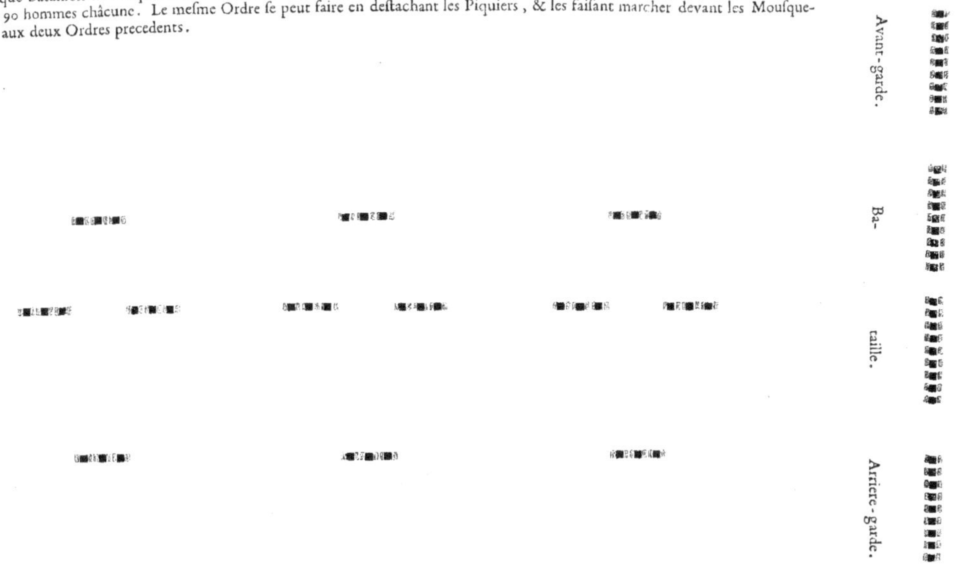

Avant-garde.

Ba-

taille.

Arriere-garde.

L'Armée est distribuée à la main gauche.

Cet Ordre de bataille eſt compoſé de trois mille Chevaux, en trente Eſcadrons.

Cet autre Ordre eſt compoſé de trois mille cinq cens Chevaux, en trente cinq Eſcadrons. Il n'y a point d'Infanterie en ces deux Ordres.

Cet Ordre eſt de 21000 hommes de pied en 21 Bataillons , & 2600 Chevaux en 26 Eſcadrons. Si le pays où marche l'Armée eſt ſerré, on pourra faire marcher comme la figure A ; & s'il eſt ouvert , on la fera marcher comme monſtre la figure B. Il eſt facile de la ranger en taille ſelon cet Ordre. Les petits quarrez rouges ſont plotons de Mouſquetaires.

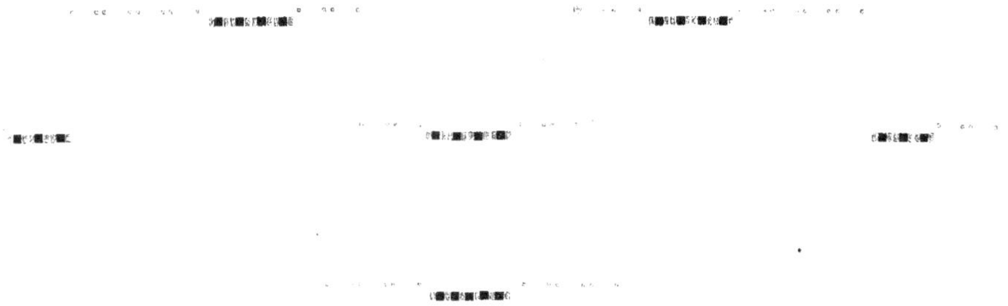

A

Canons

Canons

Canons

Canons

Canons

Bagage

B

II iij

Cet Ordre de bataille eſt compoſé de 10100 Chevaux & 30000 hommes de pied, en quoy conſiſtoit l'Armée du Roy commandée par Monſieur le Duc d'Orleans, lors que la jonction s'en fit à Gournay, pour aller en Picardie. Et d'autant que la Picardie eſt un pays plat & deſcouvert, il eſtoit facile de faire marcher toutes les Troupes, canons & bagage, ſelon la figure L ; de laquelle on peut former aiſément la figure M . Il y a 1800 Chevaux en troupes d'avance, leſquels doivent avoir ordre d'envoyer une lieuë devant eux, une lieuë à droict & autant à gauche, des Batteurs d'eſtrade , à fin qu'il ne ſe paſſe rien dans la campagne ſans que le General en ſoit averty, & qu'il prenne les avantages qu'il jugera à propos .

M

Troupes   d'avance

L'Armée marche en 7 colomnes, avec 42 canons, qu'on peut placer ainſi, 2 à la teſte de châque Bataillon de l'Avant-garde ; & 1 à châcun de ceux de la Bataille & de l'Arriere-garde. On faict marcher les canons à la teſte de châque Bataillon ſelon qu'ils doivent eſtre placez, l'Ordre de bataille eſtant formé.

L

Canons & Bagage.   Canons & Bagage.

CONSIDERATIONS
NECESSAIRES AV PRINCE
Souverain, ou à la Republique, avant que
de commencer la guerre.

AVANT que d'entreprendre la guerre, le Souverain doit confiderer fi le fujet qu'il en a eft jufte,
à fin que Dieu beniffe fes armes, & que le Saint
Efprit prefide à fon Confeil, qu'il eftablira de perfonnes dont la fidelité & l'experience luy foient
connuës. Sur toutes chofes lors qu'il voudra de-
liberer dans fon Confeil des matieres concernant
la guerre, il y appellera des perfonnes experimen-
tées en cet Art, qui fans doute luy donneront plus de lumiere dans
fon deffein que ceux qui n'ont pas efté nourris dans le meftier, où les
plus anciens & experimentez Capitaines fe trouvent fouvent novices,
& y apprennent des chofes qu'ils n'avoient jamais remarquées.

Ayant de la forte eftably fon Confeil, il fera neceffaire qu'il eftablif-
fe encore un Confeil de Finances, qui travaille fans ceffe à trouver de
l'argent pour fournir aux exceffives defpenfes que la guerre apporte,
& qu'apres s'en eftre fuffifamment pourveu, il cherche continuellement les moyens d'en faire vn fi grand amas dans fon Efpargne, qu'il
n'en puiffe jamais avoir faute, eftant affeuré que foudain qu'il luy de-
faudra, fes affaires iront en decadence, fes armées fe diffipant par faute
de paye; les intelligences qu'il aura aupres des Princes eftrangers demeureront fans effet, & il ne luy reftera plus que le defplaifir de s'eftre
engagé mal à propos dans fon entreprife. Enfin l'argent eft le nerf de
la guerre, & il faut eftre tres-mauvais Politique pour s'y embarquer
fans en eftre fuffifamment pourveu : Il eft auffi tres-neceffaire que
long-temps avant la declarer il rempliffe fes troupes tant d'Infanterie
que de Cavalerie, de bons Capitaines & Officiers, qu'il leur ordonne

KK.

d'exercer continuellement les Soldats qui font fous leurs charges pour deux principales raifons; la premiere eft, qu'eftant adroits & libres, ils en font beaucoup plus hardis; & l'autre, pour empefcher l'oifiveté, d'où s'engendre d'ordinaire les vices, la moleffe & la lafcheté. Il fe doit auffi exactement faire rendre compte par le Chef & perfonnes à ce commifes de la façon de vivre des gens de guerre, des excés qu'ils commettent fur fon peuple, & obferver une grande feverité à faire punir les méchans, ne leur faifant jamais tort ny grace, & enjoindre à tous fes Officiers de faire exactement obferver les Ordonnances militaires fans relâche, & fans nulle diftinction des perfonnes; faire exemplairement châtier ceux qui y contreviendront: Car cette difcipline eftant exactement obfervée ce fera le vray moyen de rendre fes armées invincibles.

Ayant pourveu par femblables moyens à ce qui regarde les gens de guerre, il fera befoin qu'il face faire de grands magazins en divers lieux, particulierement fur les frontieres de fon Eftat, dans fes meilleures places, & qu'il les face remplir de toutes fortes de munitions, tant de guerre que de bouche, à fin que fes armées n'en puiffent avoir faute, comme auffi de faire fournir les Arfenaux d'artillerie, & de toutes fortes d'outils neceffaires à icelles.

Tous les grands Politiques ont crû que le Souverain ne doit faire nul fcrupule d'avoir des intelligences fecretes, mefme de corrompre à force de prefens la fidelité de ceux dont le Confeil de leurs voifins eft compofé, & de gaigner par la mefme voye les Gouverneurs de leurs Provinces, & de leurs places frontieres, tant pour eftre advertis des deffeins qui pourroient eftre faits contr'eux, que pour s'en fervir à d'autres occafions qui leur peuvent eftre tres-importantes. Il n'y a point de doubte qu'un Prince ne puiffe tirer de grands avantages de l'obfervation de ces maximes, particulierement s'il veut faire la guerre, mais qu'il ne luy foit plus glorieux de ne fe fervir que des moyens juftes de fes legitimes forces, & de faire feulement agir la vertu? j'en fay juge le Lecteur: Toutesfois en matiere d'Eftat, la plufpart tiennent que celuy qui furmonte fon ennemy, foit par force ou par adreffe, a la raifon de fon cofté, & qu'il n'y a rien de plus juftement acquis que les terres dont ils fe rendent les maiftres par les voyes fufdites.

Soit que le Souverain entreprenne la guerre injuftement ou avec juftice, il faut qu'il tâche par tous moyens d'en rejetter la caufe fur fon ennemy, pour obliger tous fes voifins de prendre fon party, ou du moins de ne luy eftre point contraires; & mefme de le rendre odieux à fes peuples. Que fi parmy fes voifins il y en a qui luy foient fufpects, il ne luy fera pas inutile pour les empefcher de donner fecours à fon ennemy, de faire par fes intelligences qu'il s'embarque à quelque guerre, foit eftrangere ou domeftique: Comme auffi il luy fera tres-vtile de s'affeurer par fes Ambaffadeurs ou Agens, du plus de gens de guerre qu'il pourra faire lever dans les pays eftrangers, à fin que lors qu'il voudra commencer la guerre fes armées en foient d'autant plus fortes, & celles de fon ennemy plus foibles, qui fe ferviroit fans doubte des mefmes moyens pour les groffir s'il n'eftoit prevenu. Sur toutes chofes, ceux qui negocieront fes levées de gens de guerre doiuent s'affeurer des Chefs qui feront en reputation, & qui auront grande creance dans leur pays: Par ce moyen ils feront facilement leurs levées, & s'il arrivoit que leurs trouppes fuffent ruïnées, il leur fera plus aifé d'en remettre fur pied de nouvelles.

Avant que commencer la guerre le Souverain doit avoir fait plufieurs fois reflexion fur les divers evenemens, à fin que s'il arrive échec à fes armées, il ait les moyens neceffaires tous prefts pour en remettre d'autres en leur place, ne fe confiant jamais tant en fes forces ny en fon bon-heur, qu'il ne confidere que le fort des armes eft douteux, & que le mal eftant arrivé il eft fouvent trop tard pour fe preparer à chercher le remede. En tout evenement il doit avoir fait munir & fortifier fes frontieres de forte que fon ennemy apprehende de les attaquer, ou que les ayant forcées il trouve de fi bonnes garnifons dans toutes les places fortes qu'elles luy puiffent refifter un long-temps, empefcher fa retraitte s'il entroit avant dans le pays, & par ce moyen faire perir des armées à qui la force des fiennes n'avoit peu refifter. Que fi les moyens de remettre promptement des armées fur pied luy detaillent, ou qu'autrement il fe trouve furpris, il ne luy fera pas inutile de fe fervir du mefme moyen dont fe fervit un Conneftable de France de la Maifon de Montmorency contre Charles le Quint, qui eftant entré en Provence avec une armée qui ne fe promettoit pas moins que la conquefte de cette Province, & en fuite de toute, ou de la meilleure partie de la France, lors que le Conneftable l'ayant confeillé au Roy, par fon ordre alla d'un cofté, & envoya Monfieur de Briffac, depuis Marefchal de France, qui a rendu fon nom fi fameux dans l'Italie, avec quelque cavalerie au devant des ennemis, avec ordre de fe retirer fans combattre, & en fe retirant brufler tous les bourgs & villages qui ne pourroient pas faire tefte à l'ennemy, & ruïner tous les grains & fourrages qui eftoient fur la terre. Ce qui reüffit de forte que cette armée formidable fut en moins de rien déperie, & Charles le Quint reduit à laiffer cette haute entreprife, qui fut par ce moyen reduite en fumée.

S'il est possible au Souverain il portera toûjours la guerre dans le pays de son ennemy, & s'opposera de toute sa puissance qu'elle ne se face dans le sien. Par ce moyen ses peuples seront déchargez non seulement des maux qu'ils souffrent par l'ennemy, mais mesme de ceux qui luy sont causez par ses troupes mesmes; & ses ennemis au contraire en souffriront tous les dommages. Cela donnera plus de moyen à ses sujets de fournir aux despenses excessives qu'apporte la guerre, & luy donnera une merveilleuse reputation par tout. Que s'il a à faire la guerre contre un puissant ennemy, il doit faire tous ses efforts pour tascher de mettre de la division dans son Estat avant que luy declarer, à fin que le trouvant en trouble, il le mette plus facilement à la raison; & l'ayant attaqué, si le bon-heur luy en dit, ne luy laisser pas un moment de relâche qu'il ne l'ait reduit à son poinct. Que si au contraire il est attaqué, il doit animer son peuple le plus qu'il luy sera possible contre son ennemy, & tirer la guerre en longueur par tous les empeschemens possibles, mesme par des semblans de vouloir traitter de paix: Ces retardemens luy donneront le temps de se fortifier, d'attendre du secours de ses Alliez, & laisseront passer la premiere furie des ennemis, qui n'est pas un petit avantage. Il y a beaucoup d'autres considerations qu'un Souverain doit avoir avant que de commencer la guerre, que je ne diray point n'estant pas de mon sujet, & me contenteray seulement d'adjoûter icy celle qu'il doit avoir pour le choix de ses Generaux, à fin qu'ayant donné des Chefs à ses armées, il ne luy reste plus qu'à declarer la guerre, & les faire marcher contre son ennemy.

Ce choix est de telle importance, que je voudrois que le Souverain assemblast plusieurs fois son Conseil pour aviser à le faire bon, qu'il consideraft qu'il leur donne une grande partie de son authorité, qu'il met entre leurs mains non seulement sa reputation, mais la conservation ou la ruïne de ses Estats, & des peuples que Dieu luy a donné à regir, & dont il luy doit rendre compte. Pour cet effet il doit choisir des personnes qu'il connoisse estre vertueuses, dont la fidelité luy soit tres-asseurée, qui sçachent parfaitement l'Art de la guerre, qui en ayent fait jeunes la profession, à fin que dedans la vigueur de leur âge ils en ayent acquis l'experience & la reputation necessaires à une si importante charge. La naissance ne leur est pas moins necessaire, particulierement en France, où l'humeur altiere de cette Nation leur fait supporter avec peine l'authorité de leur egal, ou de leur inferieur en naissance, & leur donne la liberté de murmurer, de se plaindre continuellement, de se desplaire dans le service, obeyr à regret à leur Superieur;

perieur; & bref pour cet intereſt particulier ne ſe plus ſoucier de faire leur devoir, d'où procede de grands maux au Souverain. Il ſeroit donc à deſirer que les Generaux euſſent la naiſſance correſpondante à la dignité de leurs charges, que cette naiſſance fuſt accompagnée de la valeur, & de la prudence, s'il ſe peut de la bonne mine & de la liberalité; & ſur toutes choſes qu'ils ſoient des-intereſſez en ſorte qu'ils ne faſſent tort aux gens de guerre ny concuſſion ſur les peuples: Vice ſi ſale & ſi dangereux qu'il cauſe ſouvent la perte des armées, & ruïne tous les deſ-ſeins de leurs Maiſtres. Que ſi la naiſſance ne ſe rencontre pas tous les jours en la perſonne du General, je voudrois du moins qu'il euſt vieilly dans le meſtier, qu'il fuſt tres-vaillant & grand Capitaine, & que par beaucoup d'illuſtres actions il ſe fuſt rendu digne dés avantages qui ſans ſon grand merite ne luy devroient pas eſtre deferez.

Le choix des Generaux eſtant fait, il ſeroit à deſirer que le pouvoir qui leur eſt donné fuſt vn peu abſolu en certaines choſes où quelques-fois il eſt trop limité, & que la liberté d'agir ſelon les occaſions fuſt laiſſée à leur prudence, eſtant tres-mal-aiſé qu'il ne ſe perde des occa-ſions de faire de belles actions, & rendre de ſignalez ſervices, lors qu'il faut, au lieu de les executer, envoyer à la Cour ſçavoir ſi on aura agrea-ble qu'elles s'executent: cependant qu'en attendant les ordres les cho-ſes changent, & ne ſe peuvent plus entreprendre lors qu'ils ſont arri-vez: Par exemple, lors que le General ſera party de la Cour, il aura des inſtructions pour tout ce qu'il devra faire durant la campagne, ſoit de combatre, d'attaquer une place, de forcer un paſſage, de taſcher d'af-famer l'armée de l'ennemy, & telles ſemblables choſes que les avis que l'on aura receus à la Cour donnent eſperance de pouvoir reüſſir; le Ge-neral arrivant aux lieux qu'il doit attaquer trouve les ennemis tout au-trement diſpoſez que l'on n'avoit crû, & les avis qu'on a receus à la Cour ſe trouvent faux, ou la prevoyance des ennemis a rendu cette entrepriſe impoſſible; il faut renvoyer à la Cour, où quelques-fois on croira que le General cherche des difficultez où il n'y en a point: d'au-tres fois que la crainte du peril, ou autres conſiderations l'empeſchent d'entreprendre ce qui luy eſt ordonné, on luy renvoye de nouveaux ordres où il trouve encore plus de difficulté, il fait une nouvelle depeſ-che: par ainſi le temps ſe coule & la campagne preſque toute en allées & venuës, ſans que l'armée qui demeure cependant inutile, faſſe rien de conſiderable; au lieu que ſi le General avoit pouvoir de changer les deſſeins où il trouveroit de ſi grandes difficultez, en d'autres plus faci-les, il emporteroit de grands avantages ſur ſon ennemy; & les Gene-raux conſiderant leur pouvoir entreprendroient hardiment des actions

glorieufes, employeroient tous leurs foins, leur experience & leur valeur pour les faire reüffir, tant pour leur propre gloire que de crainte
d'eftre blafmez d'avoir mal entrepris ce qu'ils auroient auffi mal exe-
cuté ; au lieu que fe voyant les mains liées cela les rend chagrins, ils
n'agiffent plus avec leur vigueur ordinaire, & font quelquesfois bien
aifes que rien ne reüffiffe à bien, croyant par là fe vanger des ennemis
qu'ils peuvent avoir dans le Confeil. Ce n'eft pas que je ne croye qu'il
leur faut donner des inftructions avec ordre de les executer s'il fe peut,
mais en cas d'impoffibilité, il faut fe refouvenir que la guerre fe doit
faire à l'œil ; & c'eft la principale raifon pourquoy il faut exactement
prendre garde au chois des Generaux. Il eft bon de remarquer auffi
que la pluralité dans une mefme armée eft tres-dangereufe pour le fervice du Souverain, n'y ayant nul doubte que plufieurs perfonnes efga-
les en pouvoir ne peuvent compatir dans mefme meftier. Le Souverain
peut donc faire un fondement affeuré que le Siecle eft fi corrompu que
foudain qu'il aura mis dans une mefme armée diverfes perfonnes égales en pouvoir, ils n'ont prefque plus de penfée pour le bien de fon fervice, ne fongeant plus qu'à ruïner leur compagnon de reputation, em-
porter tous les avantages fur luy, & le rendre la honte & l'opprobre
de tout le monde. Ce n'eft pas qu'il ne s'en rencontre avec de meilleurs fentimens, & qui poffedant le vray honneur, n'ayent tousjours
pour but principal le fervice de leur Maiftre : mais les exemples de ceux
cy font tres-rares, au lieu que nous en voyons mille, mefme entre les
meilleurs amis & les freres ne s'eftre jamais pû accommoder enfemble,
& fouvent toutes leurs divifions tourner au dommage de leurs Maiftres,
mefme fur ce fujet je puis jurer avoir veu diverfes fois faire des chofes
honteufes à ceux qui les faifoient, fans nulle raifon que l'envie contre
leurs compagnons ; des Capitaines eftant commandez pour aller à une
action d'honneur, leurs compagnons choifir, pour contenter leur paf-
fion, le rebut & les plus mal armez de leurs foldats pour leur bailler,
oubliant en cela ce qu'ils doivent au fervice de leur Maiftre, & l'honneur de leur corps, qui eft le leur propre. Par ainfi il feroit à defirer
que le pouvoir de General ne fuft donné qu'à un feul dans une mefme
armée, luy donner trois ou quatre bons Marefchaux de Camp au plus,
accompagnez des vertus que nous avons defirées au General, du moins
de la valeur & de l'experience ; un Marefchal de Bataille experimen-
té dans cette charge ; quantité d'Aydes de Camp intelligens dans le
meftier, & qui fe fuffent rendus recommandables par leurs belles actions ; une perfonne habile dans l'Artillerie pour la commander ; un
Intendant de la Iuftice bon Iufticier, grand œconome, & fur tout des-

intereſſé & fidele ; de vieux & experimentez Capitaines d'Infanterie pour Majors de brigade, & deux experimentez & vaillans Mareſchaux des logis generaux de la Cavalerie. Le Mareſchal des logis general de l'armée doit auſſi eſtre bien choiſi, ſa charge eſtant tres-conſiderable. Ie ne dis rien des charges des Generaux de l'Infanterie & de la Cavalerie, qui ſont de telle importance qu'il ne faut pas eſtre moins exacts en leur choix qu'à celuy du General de l'armée. Il y a pluſieurs autres charges où il eſt neceſſaire de faire un bon choix de ceux qui les doivent exercer : mais comme elles ſont moins importantes, le Souverain ſe peut repoſer de leur choix ſur ceux ſous les commandemens de qui ils doivent agir : Et le Souverain ayant mis un tel ordre peut declarer la guerre, & en eſperer un heureux evenement.

ABREGE' DES DEVOIRS OV FVNCTIONS DES
charges de Generaux d'Armées, Mareſchaux de Batailles, & autres principales charges d'icelles.

LEs Generaux d'armées ſçachant le commandement qui leur eſt donné, & les Officiers qui doivent ſervir ſous eux, la premiere choſe qu'ils doivent faire eſt de les aſſembler, à fin d'aviſer avec eux aux choſes qui leur ſont neceſſaires, & en faire un eſtat pour le faire voir au Souverain ou à la Republique, le leur faire ſigner, & les ſupplier d'ordonner à ceux qui en ont la charge que toutes les choſes portées par leur eſtat leur ſoient fournies de bonne heure, à fin que cela n'apporte point de retardement à leur ſervice. Ils demanderont une liſte des troupes qui doivent ſervir ſous eux, & l'ayant ils feront venir tous les Majors, ou quelqu'autre Officier de tous les corps, tant de l'Infanterie que de la Cavalerie, deſquels ils ſçauront exactement l'eſtat & force de leurs Regimens, & en feront leur rapport au Souverain ; aux principaux Miniſtres du Conſeil ; ou au Secretaire d'Eſtat qui a ſoin des affaires de la guerre ; à fin que s'il y a de la manque on y puiſſe pourvoir à temps ; en ſuite de quoy ils ordonneront à toutes leurs troupes de ſe tenir en eſtat pour marcher au premier ordre, & de s'exercer cependant, pour empeſcher l'oiſiveté des Soldats, & les rendre plus adroicts & plus robuſtes. Il eſt du devoir du General de ſçavoir ſi les troupes deſtinées à ſervir ſous luy ſont payées dans leurs garniſons, & leur aider à ſoliciter les payemens, comme auſſi de s'informer exactement s'il ne ſe fait point de friponnerie, ſoit par les Officiers qui commandent les troupes, ou par ceux qui ont la charge de faire les payemens des Soldats : Et le General qui prendra ce ſoin doit eſtre aſſeuré que ſes troupes en ſeront plus fortes, & que les gens de guerre reconnoiffant la peine qu'il prend pour eux auront plus d'affection pour luy, & en ferviront beaucoup mieux. En fuite de ce foin il doit prendre celuy de voir fi tout ce qui luy doit eftre fourny d'argent, de vivres, d'artillerie, & de tout ce qui en defpend, eft en eftat, en communiquer pour cet effet avec le Grand-Maiftre, le prier fur toutes chofes de luy donner de bons Officiers, & faire que celuy qu'il luy donnera pour commander l'artillerie dans fon armée, fe rende refponfable envers luy de toutes les chofes qui luy auront efté accordées; & pour plus de feureté il luy en demandera un eftat figné, ne pouvant avoir trop de precaution pour ce qui defpend de l'artillerie, eftant certain que prefque toutes les entreprifes qu'il peut faire ne fçauroient reüffir fans le fecours qu'il doit tirer de ce corps.

Les vivres & l'argent luy font auffi de telle confequence qu'il luy eft impoffible de faire fubfifter l'armée fans l'un & l'autre de ces moyens; & c'eft pourquoy il fe fera rendre un compte exact par le Munitionnaire ou General des vivres du lieu où font fes magazins de bleds & de farines, de combien de chevaux il a, & la quantité de pain qu'ils peuvent porter, pouvant par là juger de partie des chofes qu'il pourra entreprendre. Il doit en fuite voir ceux qui ont la direction des finances pour fçavoir le fonds qui fera mis entre les mains de celuy qui exerce la charge d'Intendant en l'armée qu'il va commander, pour les frais qu'il fera neceffaire de faire. Et lors que le fonds aura efté delivré audit Intendant, le General tirera vn efcrit de luy, par lequel il fe rendra garant des fommes qui luy auront efté mifes és mains, ou des Treforiers qui font fous fa charge: Comme auffi il le rendra refponfable des vivres, conjoinctement avec le Munitionnaire, fur qui il a toute jurifdiction.

En fuite de ces foins, le premier que le General doit avoir eft celuy de demander un fonds pour eftablir un hofpital à la fuite de l'armée; & c'eft encore une des chofes qui luy acquierront d'autant plus l'amour des gens de guerre, qui par ce moyen fe trouveront foulagez des maux & des bleffures à quoy ils font expofez: ce qui n'augmentera pas peu leur affection à fon fervice. Le General doit mefme faire en forte d'emmener de bons Chirurgiens & en nombre, un ou deux bons Medecins du moins, & des Apotéquaires fuffifamment, pour avoir foin des bleffez & des malades; & de bons Religieux pour leur adminiftrer les Sacremens; & enfin tout ce qui fera neceffaire pour le fervice dudit hofpital: Et pour faire obferver la Iuftice un Prevoft general de ladite armée, accompagné d'un nombre fuffifant d'Archers. Son foin doit mefme s'eftendre jufqu'à fçavoir s'il y a des vivandiers qui fuivent, &

d'ordonner

d’ordonner à l’Intendant de la Iuftice, & au Prevoft general d’en amener le plus qu’ils pourront, les gens de guerre tirant fouvent grand fecours de ces perfonnes-là.

Le General eftant plainement inftruiét de toutes ces chofes aura l’efprit en repos, & pourra attendre le temps de fon partement fans inquie-
tude. Ayant receu les ordres de partir, & les commandemens de fon
Maiftre, la premiere penfée qu’il doit avoir eft de tenir fon deffein ca-
ché en forte que l’ennemy ne le puiffe connoiftre, le laiffant tousjours
en doute par où il veut entrer dans fon Eftat; s’il veut le combatre, ou
attaquer quelque place, ou feulement fourrager fon païs, pour cet ef-
feét il donnera divers rendez-vous à l’armée, où il envoyera fes Marefchaux de Camp pour recevoir fes troupes, avec ordre de luy mander
exaétement fi les Regimens font complets; la quantité d’Officiers prefens, & s’ils font remplis de bons hommes & bien armez. Il doit auffi
foudain qu’il approche de la frontiere, s’enquerir foigneufement des
Gouverneurs des places de tout ce qu’ils fçavent de l’ennemy, ne mef-
prifer aucun avis, & envoyer des efpions en divers lieux, envers lefquels il doit eftre prodigue, à fin de n’en manquer jamais, & d’eftre
perpetuellement adverty de tous les deffeins de l’ennemy, n’y ayant nul
doubte que cela ne luy ferve à former les fiens, & à reüffir fouvent dans
des entreprifes qui fans cela tourneroient à fa confufion : Il fe doit nean-
moins garder de recompenfer l’efpion avant que d’en avoir tiré le fervice qu’il en pretend, de crainte qu’ayant toute fa recompenfe, il ne
s’arreftaft parmy les ennemis, & ne declaraft des chofes qui pourroient
nuire; ces fortes de gens eftant tres-fujets à joüer le double.

Apres que le General aura eu toute la connoiffance poffible, tant de
l’eftat de fes troupes que de celles des ennemis, il en donnera avis en
toute diligence au Souverain par une perfonne intelligente & de creance, à fin que, fi felon ce qu’il aura mandé l’on changeoit quelque
chofe à fes ordres, & que cependant il fuft entré dans le païs ennemy,
celuy qu’il aura envoyé, & qui luy pourra apporter quelque changement venant à eftre pris par l’ennemy aye le fecret, & ne puiffe rien
defcouvrir par les lettres qu’il porte : car quoy qu’on fe ferve de chiffres
en ces rencontres elles peuvent eftre defchiffrées, & par ainfi le deffein
defcouvert.

Au furplus, avant que d’entrer dans le pays ennemy, le General fe
doit pourvoir de bons guides, aufquels il donnera un Capitaine qui
foit fidele & affeuré, une partie de fes entreprifes defpendant de leur
conduite. Il feroit encore à defirer qu’il eftabliſt un Capitaine des bagages avec une douzaine d’Archers, pour remedier aux defordres &

grands embarras qu'ils caufent ordinairement dans les diverfes marches des armées. Ce Capitaine des bagages doit avoir pleine authorité fur tous les valets, & tant luy que les Archers porter des cafaques des livrées du Souverain, pour eftre plus refpectez, & faire porter une marque differente aux bagages de chaque corps pour les reconnoiftre.

Si eftant fur la frontiere l'armée eft obligée à faire quelque fejour, le General & les Marefchaux de Camp doivent voir la feureté qu'il y a en chaque quartier, & les departir, ou fortifier en forte que fi l'ennemy faifoit quelque entreprife fur l'un d'eux ils fe trouvaffent en eftat, ou de fe fecourir l'un l'autre, ou de refifter d'eux-mefmes; & le General doit donner un fignal, lequel veu ou entendu, les chofes qu'il aura ordonnées foient promptement executées. Il feroit bon que durant fon fejour fur la frontiere, outre les moyens fuf-mentionnez, il envoyaft diverfes parties à la guerre pour tafcher de faire des prifonniers, afin d'eftre d'autant mieux inftruit de l'eftat de l'ennemy; & s'il luy eftoit poffible de luy enlever quelque quartier, ou dreffer quelque embufcade par laquelle il puft prendre avantage fur luy, il en tireroit un notable fruict, n'y ayant rien qui enfle tant le cœur des gens de guerre que de fe voir d'abord victorieux, ny qui l'abaiffe tant aux ennemis que d'eftre batus en commençant la guerre ou la campagne.

Si l'armée fe trouve forte le General ne fera nulle difficulté d'en faire une reveuë generale, à fin que le bruit de fa puiffance s'eftende dans le pays ennemy, & donne de l'efpouvante par ce moyen, tant aux foldats mal affeurez qu'aux peuples: mais fi fes troupes font mal completes, il fe donnera bien garde d'en faire la reveuë, n'y ayant point de doubte que l'ennemy n'en tiraft les mefmes avantages. Si l'ennemy eft fort & proche du lieu par où le General voudra entrer dans fon pays, il doit bien confiderer lequel des deux luy fera plus avantageux, ou d'entrer par un feul endroict avec toute fon armée, ou bien en la feparant y entrer par divers lieux; s'il y entre par un feul endroict il pourra cacher fon deffein en plufieurs façons: comme faifant marcher fon Avant-garde par un chemin, & le refte de l'armée par un autre, avec ordre au Marefchal de Camp qui commandera l'Avant-garde, de laquelle les bagages feront demeurez avec les autres de l'armée pour marcher plus legerement, de reprendre fa tefte au premier fignal qu'il luy aura donné, ce qu'il pourra faire, felon le mouvement qu'il aura fceu qu'aura fait l'ennemy; que s'il ne veut point feparer fon Avant-garde, il pourra couvrir fa marche par une forte partie de Cavalerie, qu'il rappellera aupres de luy lors qu'il en aura tiré le fervice pretendu, ou comme il jugera plus à propos. Cependant avant qu'entrer dans le pays ennemy

il fera faire des defenſes tres - expreſſes de ne bruſler, violer, ny commet-
tre aucune ſorte d'excez, notamment ſi c'eſt un pays où il pretende faire
conqueſte: comme auſſi defendre aux gens de guerre de n'abandonner
point leurs rangs pour quelque cauſe, ny ſous quel pretexte que ce ſoit,
& faire châtier ſeverement ceux qui contreviendront à ſes ordres. Que
s'il y a quelque raiſon qui l'oblige à bruſler, comme il peut quelquefois
arriver, en ce cas il faut que ce ſoit par ſon ordre expres, & par hommes
commandez, & non autrement, n'y ayant rien de ſi certain, que ſi le
General ſouffre du commencement la moindre licence, il luy eſt preſque
impoſſible de la reprimer par apres, & n'y a rien qui face ſi toſt deperir les
armées. Le General doit donner grande eſperance de butin aux gens de
guerre, & neantmoins les laiſſer rarement butiner, dautant qu'il eſt ſans
doubte que le ſoldat s'eſtant enrichy n'a plus de penſée que de ſauver ſon
butin, quitte le ſervice à la premiere occaſion qu'il en trouve, ſe rend
plus negligent à ſon devoir, & ne va plus aux occaſions qu'à regret,
n'ayant pas moins de paſſion de conſerver ce qu'il a acquis, qu'il avoit
d'ardeur de l'acquerir.

Durant que le General eſt ſur la frontiere dans les importantes occu-
pations ſuſ-mentionnées, celles des Mareſchaux de Camp doit eſtre de
faire exercer les troupes tant de Cavalerie que d'Infanterie, tant pour
empeſcher l'oiſiveté des gens de guerre, qui les rend d'ordinaire vicieux
que pour ſe faire connoiſtre d'eux, leur parler familierement, & par
leurs diſcours leur donner envie de combatre, taſchant de leur faire meſ-
priſer l'ennemy, en leur donnant grande eſperance de gain. Cependant,
pour les meſmes raiſons, le Mareſchal de Bataille doit viſiter tous les
quartiers, voir ſi le lieu du rendez-vous general de l'armée eſt propre
pour ſe ranger en bataille, quelle forme il luy pourra donner pour la faire paroiſtre davantage, & s'il luy eſt poſſible lors du rendez-vous, de
la diſpoſer en ſorte que toutes les troupes ſe puiſſent voir l'une l'autre,
notamment ſi les troupes ſont belles; cela n'enflera pas peu le cœur des
ſoldats & meſme des Officiers. Il doit auſſi durant ce ſejour demander
un roolle de toutes les troupes au Mareſchal des logis general de l'armée, & en ſuite ſçavoir du General combien de brigades il luy plaiſt
de faire, & de quelles troupes il veut compoſer chacune d'icelles; les
brigades faites il fera divers ordres de Bataille, dont il mettra le plan ſur
un papier, & les monſtrera au General pour voir lequel il luy plaira de
choiſir pour ranger ſon armée en bataille, en cas d'un combat preme-
dité; & d'autant que cet ordre doit eſtre tenu tres-ſecret, à fin que
l'ennemy n'en aye nulle connoiſſance, & n'en puiſſe tirer avantage: Il
pourra eſtre monſtré ſeulement aux Mareſchaux de Camp, que le General

connoiſtra capables de garder le ſecret, & de juger ſi les troupes ſont bien diſpoſées; & lors que le General aura reſolu l’ordre qu’il voudra choiſir pour combatre, le Mareſchal de Bataille en fera deux plans où il eſcrira les noms de toutes les troupes; marquera les places où chacune doit combatre; placera l’artillerie & autres choſes neceſſaires : apres quoy il les fera ſigner au General; luy en baillera une des copies, & gardera ſoigneuſement l’autre, ne la laiſſant voir à qui que ce ſoit que le jour du combat.

Toutes choſes ainſi diſpoſées pour une prompte marche, le General fera venir devant luy l’Intendant de la Iuſtice & celuy des Finances, le General des vivres, & celuy qui commandera l’artillerie, pour ſçavoir encore exactement ſi tout ce qui deſpend d’eux eſt en bon ordre, & leur ordonnera de ſe tenir preſts pour marcher au premier commandement. Outre l’hoſpital ſuivant l’armée il doit auſſi deſtiner des lieux ſur la frontiere pour y faire conduire les malades & les bleſſez qui ne pourront eſtre promptement gueris. Cependant il tiendra ſon deſſein ſecret, & n’en donnera nulle connoiſſance, pas meſme aux Mareſchaux de Camp que lors qu’il le voudra executer, au contraire il teſmoignera par toutes ſes paroles & actions d’en avoir de tous contraires, du moins aux deſſeins de conſequence. Outre le ſoin que le General doit avoir de toutes choſes, il doit encore charger les Mareſchaux de Camp chacun en particulier de quelque choſe dont il les obligera de luy rendre compte tous reglément : par exemple, l’un prendra ſoin des vivres, un autre des munitions de guerre & des choſes deſpendantes de l’Artillerie; un de l’Infanterie, & un autre de la Cavalerie; des travaux s’il y en a à faire; de racommoder les chemins par où l’armée doit paſſer; de viſiter les gardes, & autres choſes neceſſaires, & dont le General doit eſtre tous les jours adverty. Le Mareſchal de Camp qui eſt de jour eſt obligé, quoy que ce ne ſoit pas des deſpendances de ce que le General luy aura ordonné de faire, de ſçavoir l’eſtat de toutes ces choſes, d’en ordonner ce qu’il verra eſtre à faire, s’il ne trouve que celuy de ſes compagnons à qui la choſe touchera, ne l’aye desja fait.

Le jour du partement arrivé le Mareſchal de Camp de jour recevra tous les ordres du General & les donnera au Mareſchal de Bataille, qui ſoudain les diſtribuëra à tous les corps par des billets ſignez de luy, où il leur donnera le lieu & l’heure du rendez-vous. C’eſt aux Majors de brigade qu’il baillera ceux de l’Infanterie, & au Mareſchal des logis general de la Cavalerie ceux d’icelle, qui en ſuite les diſtribuëront aux Majors de chaque Regiment, apres neantmoins les avoir fait voir à ceux qui commandent, tant l’Infanterie que la Cavalerie. Le Mareſchal de

Bataille donnera auſſi l'ordre par eſcrit à l'artillerie & aux vivres, des lieux & de l'heure du rendez-vous. Lors que les troupes commenceront à deſloger le Mareſchal de Camp de jour, & le Mareſchal de Bataille iront devant au rendez-vous general de l'armée pour recevoir les troupes & les ranger en bataille en meſme temps qu'elles arriveront, donnant ordre au Capitaine des bagages de les mettre en lieu qu'ils n'embarraſſent point les troupes, & faiſant le meſme à l'artillerie & vivres, afin que lors que le General arrivera il les puiſſe conſiderer ſans empeſchement. Ce jour-là le General, entre les autres, doit eſtre bien monté & bien veſtu, luy eſtant tres-important de donner d'abord de l'affe―ction & du reſpect aux gens de guerre.

Soudain que le General aura fait ſa reveuë il ordonnera que les troupes marchent pour aller au campement qu'il aura reſolu, & le Mareſchal de Camp de jour prendra telle eſcorte qu'il jugera neceſſaire pour aller devant le marquer, emmenant avec luy le Mareſchal de Bataille, les Majors de brigade, le Mareſchal des logis general de l'armée, celuy de la Cavalerie, tous les Majors, Mareſchaux des logis & Fouriers. Et d'autant que pour ce premier jour l'ordre de la marche n'a point eſté reglé, le Mareſchal de Bataille dira aux Aydes de Camp l'ordre que les troupes tiendront pour paſſer devant le General, s'il veut voir les corps ſeparez, comme il le doit s'il en a le temps, & marcher en ſuite à leur campement. En ce rencontre le General ne ſçauroit ſe monſtrer trop courtois aux gens de guerre, les ſaluant lors qu'ils paſſent devant luy, & leur diſant quelque choſe d'obligeant, en ſorte neantmoins qu'ils puiſſent remarquer qu'il ne fait point d'action mal-ſeante à ſa dignité. Il doit ſe faire nommer tous les Capitaines & Officiers, & taſcher de les reconnoiſtre par leurs noms, meſme, s'il luy eſt poſſible, quelques ſoldats, afin de les y nommer quelquesfois, notamment lors qu'il leur verra faire quelque bonne action, de laquelle il les loüera hautement, leur fera quelque gratification, meſme s'il luy eſt poſſible, leur procurera quelque avantage aupres du Souverain, & le pluſtoſt apres la bonne action qu'il le pourra faire; s'y comportant de cette ſorte il ſera adoré des gens de guerre, donnera de l'emulation de bien faire à toute l'armée, & accroiſtra merveilleuſement l'affection de tous ceux qui ſeront ſous ſa charge pour le ſervice du Souverain & pour le ſien propre. Mais revenant à noſtre Mareſchal de Camp de jour, nous adjouſtons qu'eſtant arrivé au logement avec l'eſcorte ſuſ-mentionnée, s'il y a un village il fera halte avant que d'entrer dedans, & envoyera un Officier avec vingt ou trente Maiſtres reconnoiſtre ſi le quartier n'eſt point occupé par les ennemis, donnant ordre à cet Officier de l'advertir en

diligence de ce qu’il rencontrera, & fi rien ne s’oppofe à luy, de paffer
outre de l’autre cofté du village, où le Marefchal de Bataille l’ira pofer
en garde, & mettre des vedettes fur toutes les avenuës, qui adverti-
ront leur Officier de tout ce qu’ils defcouvriront, & l’Officier en donnera avis au Marefchal de Camp. Cette garde pofée, le Marefchal de
Camp choifira le lieu le plus propre qu’il pourra pour mettre le refte
de fon efcorte, pour fe retirer en cas qu’il fuft troublé par les ennemis
durant qu’il travaille au logement; & cette efcorte demeurera cependant à cheval, fans qu’il foit permis à aucun Cavalier de quitter fon po-
fte, ny mettre pied à terre. Ayant mis cet ordre le Marefchal de Camp
accompagné des Officiers Majors qui l’ont fuivy, fera le tour du quartier, reconnoiftra le lieu le plus commode & le plus feur pour camper
l’armée, marquera vn champ de Bataille pour la ranger en cas d’alar-
me, & en fuite marquera le parc pour les vivres & celuy de l’artillerie;
il verra auffi le logis pour le General, & reconnoiftra ce qu’il faut pour
fa feureté : apres quoy il ordonnera au Marefchal des logis general de
l’armée de faire travailler au logement pour tous les Officiers & autres
perfonnes fuivant le General; il monftrera auffi au Marefchal de Bataille
les lieux où il aura refolu que foient campées, tant l’Infanterie que la
Cavalerie, & foudain le Marefchal de Bataille marquera aux Majors de
brigade ce qu’il leur faut de terrain pour chaque Regiment, & leurs vivandiers; & au Marefchal des logis general de la Cavalerie le terrain
qu’il luy faut auffi pour camper ladite Cavalerie, faifant tousjours laiffer à la tefte, tant de l’Infanterie que de la Cavalerie, une place d’armes propre à fe mettre en bataille toutes les fois que befoin fera; toutes lefquelles chofes faites le Marefchal de Bataille ira rejoindre le Marefchal de Camp, luy rendra compte de ce qu’il aura fait, & l’accompagnera aupres du General pour l’informer de l’eftat & de l’affiette du
campement, que ledit Marefchal de Camp fera voir fur le plan qu’il en
aura fait ou fait faire.

Cependant le Marefchal de Camp qui conduit l’Avant-garde arrivant proche du campement fera faire halte, & demeurera en bataille
fous les armes, jufqu’à ce que la Bataille foit arrivée; apres quoy l’Avant-
garde fera conduite à fon logement par les Majors de Brigade; le Marefchal des logis de la Cavalerie, & autres Majors particuliers, comme
auffi les vivres & artillerie au leur par leurs Commiffaires : & cependant
la Bataille demeurera en bataille au lieu de l’Avant-garde jufqu’à l’arrivée de l’Arriere-garde; en fuite la Bataille fera logée dans le mefme
ordre de l’Avant-garde, & l’Arriere-garde demeurera en bataille jufqu’à ce que toutes les gardes qui feront ordonnées pour la feureté du

logement auront esté posées par le Mareschal de Camp de jour, assisté
du Mareschal de Bataille & du Mareschal des logis general de la Cavalerie. Il est necessaire que les Majors de Brigade sçachent où sera posée
la garde de l’Infanterie, tant pour la monstrer au General de ladite Infanterie que pour pouvoir visiter les corps de garde à toute heure ; le
Mareschal des logis de la Cavalerie fera pareillement connoistre l’estat
de sa garde à son General. Tout ce que dessus observé l’Arriere-garde
sera logée en la forme des deux corps precedens d’Avant-garde & de
Bataille.

L’armée ainsi logée il est du soin du General de faire le tour du quartier, reconnoistre le champ de bataille, voir si les corps de garde sont
bien posez, s’il est necessaire d’y changer ou adjouster quelque chose,
si le parc de l’artillerie est bien placé, & de quelle sorte il s’en pourra
servir au besoin.

La visite du camp faite par le General, il ordonnera au Mareschal de
Camp de jour, & à celuy qui doit entrer le jour suiuant, tout ce qu’il
desirera estre fait, tant la nuict que le lendemain, & pourra en suite s’en
aller chez luy, où estant en son particulier il se fera amener les espions
s’il en a, comme il n’en doit jamais manquer, les interrogera des forces
ennemies, de leurs desseins, & bref de toutes les choses qu’il croira luy
estre utiles, & fera ce qu’il pourra pour oster la connoissance mesme à
ses plus familiers que ce soient des espions, de crainte que l’ennemy ne
soit adverty qu’ils sont tels ; mesme entr’eux on ne les doit pas faire connoistre, & pour cet effet il les faut interroger à part. S’estant instruict
avec les espions, s’il a des prisonniers il les fera aussi venir devant luy,
ausquels il pourra faire les mesmes questions & autres qu’il avisera, afin
de voir le rapport qu’il y a des uns aux autres, & juger par ce moyen le
vray d’avec le faux, pour pouvoir en suite former quelque dessein avantageux pour le service de son Maistre.

Cependant le Mareschal de Bataille prendra tous les ordres du Mareschal de Camp de jour, ira donner le mot aux Majors de Brigade, & au
Mareschal des logis general de la Cavalerie, au Mareschal des logis de
la Gendarmerie, & leur distribuëra l’ordre de la marche pour le jour
suivant ; comme aussi à l’artillerie, vivres, argent & bagages. Il ira en
suite, lors qu’il sera nuict, visiter tous les corps de garde, où le mot luy
sera donné, pour voir s’il n’est point changé ; verra si le nombre d’hommes & d’Officiers commandez y sont, & si toutes choses sont en bon
estat, desquelles choses il ira faire rapport exact au General, ou au Mareschal de Camp de jour ; & s’il trouve quelque manquement il fera son
possible pour faire punir les coupables.

Le Mareschal de Camp de jour eſt obligé de faire la meſme viſite, comme auſſi les Majors de Brigade, & le Mareſchal des logis general de la Cavalerie, chacun dans ſon deſtroit. Le General doit prendre le meſme ſoin, particulierement eſtant proche de l'ennemy ; comme auſſi tous les Majors, tant d'Infanterie que de la Cavalerie, chacun dans l'eſtenduë de ſa charge.

Au ſurplus, il y a beaucoup de perſonnes, meſme dans les principaux employs, qui croyent que de nuict viſitant les corps de garde le mot leur doit eſtre donné à tous les corps de garde, je les ſuplie de me pardonner ſi je leur dy qu'ils ſe meſprennent, il y a trop de peril à courre d'en uſer ainſi ; cette deference ne doit eſtre renduë qu'à la ſeule perſonne du General, encore doit-il faire aller devant luy un Ayde de Camp pour donner avis que c'eſt luy. Que ſi j'ay dit que l'on le doit donner au Mareſchal de Bataille, ce n'eſt pas que je die que cela ſoit deu à ſa charge, mais à fin ſeulement qu'il ſçache ſi le mot n'a pas eſté changé ; encore ne le doit-il pretendre qu'à la premiere ronde qu'il fait chaque nuict, & apres s'eſtre bien fait connoiſtre au corps de garde ; & où il feroit d'autres rondes il donnera le mot comme tous les autres.

Le Mareſchal de Camp de jour & le Mareſchal de Bataille ayant fait & donné les ordres pour la marche du lendemain, comme il a eſté dit, & marqué un rendez-vous en lieu propre où ranger toute l'armée en bataille, s'y rendront avant que les troupes y arrivent, à la teſte neantmoins de la garde à cheval du quartier pour leur ſeureté ; eſtant ſur le champ de Bataille ils mettront les troupes de l'Avant-garde à meſme temps qu'elles arriveront en bataille, ſelon l'ordre qui en aura eſté fait propre à la marche de ce jour, plaçant quelques petites pieces d'artillerie à la teſte des bataillons, & donnant ordre que les bagages ſoient en lieu où ils n'embarraſſent point les troupes. Le Mareſchal de Bataille donnera au Capitaine des bagages l'ordre de la marche, à fin qu'il les face marcher au meſme ordre que les gens de guerre, à la reſerve de celuy du General, des Mareſchaux de Camp, de Bataille, Intendant de la Iuſtice, & autres Officiers generaux de l'armée, qui marcheront tous à la teſte avec tel nombre d'hommes deſtachez de tous les corps qu'il aura eſté reſolu au Conſeil de guerre, pour leur ſeureté. En France les bagages des Regimens des Gardes Françoiſes & Suiſſes marchent tous les jours apres ceux des Officiers d'armée. Cet ordre ainſi donné, & les troupes qui compoſent la Bataille arrivant, elles ſeront rangées comme il a eſté dit de l'Avant-garde, & en ſuite l'Arriere-garde, & les troupes de reſerve, attendant le commandement du General pour marcher ; cependant que le Mareſchal de Camp qui doit marcher à l'Arriere-garde,

aſſiſté

affifté de fes Aydes & du Prevoft d’armée, fera hafter le deflogement, châtier les pareffeux, & ceux qui commettront quelque defordre, au prejudice des defenfes qui auront efté faites.

Tout eftant deflogé le Marefchal de Camp de l’Arriere-garde fera relever tous les corps de garde, & les envoyera rejoindre leurs corps; en fuite de quoy il fera fçavoir au General que tout eft forty du loge-ment, à fin qu’il face marcher l’armée quand il luy plaira. Il eft à pro-pos, & mefme neceffaire, que durant que le deflogement fe fait il y ait un corps confiderable de l’Arriere-garde qui foit mis en bataille hors du quartier, du cofté que l’armée quitte, n’y ayant nul doubte que fi l’ennemy doit entreprendre quelque chofe, ce ne foit au logement, ou au deflogement de l’armée, où il y a d’ordinaire de la confufion; c’eft pourquoy le General doit bien prendre garde à luy, faifant ces deux ac-tion de loger & defloger l’armée.

Toutes chofes eftant difpofées ainfi, le General aura foin d’envoyer de petits partis de gens de cheval devant l’armée, du moins une lieuë aux deux flancs & derriere, afin qu’il ne puiffe eftre furpris durant fa marche, & qu’il foit adverty de tout ce qui fe paffe; ce qu’il comman-dera à ceux qui meneront lefdits partis. Et cet ordre eftant donné, & ayant encore fait deftacher des enfans perdus de tous les corps d’Infan-terie il commandera au Marefchal de Camp de jour de faire marcher l’Avant-garde, que la Bataille fuivra à cinq cens pas pres, & en fuite l’Arriere-garde à douze ou quinze cens pas pres de la Bataille; le gros canon marchera avec la Bataille, & encore de petites pieces à l’Arriere-garde. Cependant le Marefchal de Bataille & quelque Ayde de Camp s’avanceront avec les coureurs & enfans perdus, menant avec eux des pionniers pour faire accommoder les chemins, en forte que tant qu’il fera poffible l’armée marche en bataille, & que les canons & les baga-ges puiffent librement paffer, fans que la marche de l’armée foit retar-dée. Cependant le General s’eftant promené par tous les corps, com-mandera au Marefchal de Camp de jour de faire marcher l’Avant-gar-de, qu’il verra partir, puis il fera de mefme à la Bataille, & en fuite à l’Arriere-garde, ou troupes de referve; du moins fi le General ne fe trouve prefent à toutes ces chofes il envoyera fes ordres par des Aydes de Camp: fa place ordinaire doit eftre à la Bataille, mais il doit fouvent aller d’un corps à l’autre voir ce qui s’y paffe; s’il va aux ennemis mar-cher fouvent à l’Avant-garde, & s’il fait une retraite à l’Arriere-gar-de, pour eftre d’autant pluftoft adverty des mouvemens que fera l’en-nemy, mais en cas de combat il doit eftre à la Bataille, où tous les Of-ficiers iront luy rendre compte à tous momens de ce qui fe paffe, &

MM

recevoir ſes ordres. Les Generaux de l'Artillerie, de l'Infanterie & de la Cavalerie doivent auſſi ſe promener ſouvent aux endroits où il y a de leurs corps pour faire que tout ſoit en bon ordre, mais en cas de combat le General leur doit ordonner la place où il luy plaira qu'ils ſoient, du moins aux deux derniers : car pour le Grand-Maiſtre, ou General de l'Artillerie, c'eſt ſans doute qu'il doit eſtre où eſt le gros canon à la Bataille, pour de là donner ordre à tout le reſte de l'Artillerie. D'autre part le Mareſchal de Bataille ayant donné ordre pour le racommodement des chemins laiſſera un Ayde de Camp pour la conduite de ce travail, & pour faire executer ce qu'ils auront veu eſtre neceſſaire pour paſſer commodément l'armée, ſoit qu'il y ait quelques ponts à conſtruire, ou autres paſſages qui puiſſent eſtre promptement racommodez : pour ce faire le Grand-Maiſtre de l'Artillerie leur ayant baillé des Commiſſaires & autres ouvriers neceſſaires, s'en reviendra joindre l'armée, & continuellement ira viſitant tous les corps voir ſi la marche ſe fait bien, & en l'ordre qu'il y aura donné, ne ſouffrant qu'aucun Officier ny Soldat, tant de pied que de cheval ſe diſpenſe de quitter ſon rang, ou le poſte où il aura eſté mis ; prendra garde durant la marche à la force des troupes, & en rendra compte au General, comme de toutes choſes ; il ira ſouvent aupres des Mareſchaux de Camp, notamment de celuy de jour, leur donner avis des choſes qui ſe paſſent dans la marche. L'armée ayant ainſi marché quelque temps, le Mareſchal de Camp de jour laiſſera la conduite de l'Avant-garde à celuy de ſes compagnons qui en ſera ſorty, & ſe diſpoſera d'aller au logement, faiſant advertir tous les Officiers qui l'y doivent accompagner, & l'eſcorte neceſſaire, comme il a eſté dit. S'il y a pluſieurs Mareſchaux de Bataille à l'armée, celuy de jour ſeulement l'accompagnera, les autres demeurant pour la faire bien marcher, & y executer les ordres du General. Que s'il n'y en a qu'un il donnera aux Aydes de Camp l'intelligence de ſon ordre, ſoit de marcher ou de combatre, afin qu'en ſon abſence ils le faſſent ſuivre. Pour faire le logement le Mareſchal de Camp y obſervera tout ce qui a eſté dit au precedent campement qu'il fera au lieu qui luy aura eſté marqué par le General ; que ſi la neceſſité le contraignoit de changer de lieu, comme par exemple qu'il n'y euſt point d'eau, point de fourrage, ou telle autre difficulté, il en donnera promptement avis au General par un Ayde de Camp, & luy marquera le lieu où il trouvera plus de commodité pour ſçavoir s'il aura agreable de faire ce changement. L'armée arrivée il la logera & poſera les gardes en la maniere ſuſdite.

Dans la ſuite ou ſeconde Partie du Mareſchal de Bataille nous traicterons plus amplement des devoirs du General de l'armée, des Mareſchaux

de Camp, & autres principaux Officiers ; tant pour combatre les ennemis, attaquer leurs places, faire perir s'il se peut leurs armées, du choix,
de l'assiete & forme des campemens, des passages de riviere, plusieurs
fortes de defilez, & autres choses concernant l'Art militaire, selon le peu
de connoissance que vingt-sept ans d'experience & de service actuel, pendant lequel temps j'ay fait sept campagnes, exerçant la charge de Marefchal de Bataille sous les plus grands Capitaines de nostre Siecle, me peuvent avoir acquis, mais particulierement sous le feu Roy LOVIS LE
IVSTE, d'immortelle memoire, qui sans contredit a mieux sceu le de-
tail de toutes les charges de la guerre que jamais Prince ny Capitaine
particulier ou general n'ont sceu jusqu'à present. Et parce que la charge
de Marefchal de Bataille est le but principal de cet Ouvrage, & que pour
les raisons dites dans mon avis au Lecteur je ne puis en dire ce que je
voudrois, dans la seconde Partie j'espere le defpeindre avec toutes les
qualitez que celuy qui exercera cette importante charge doit avoir, &
quels font ses devoirs & functions.

F I N.